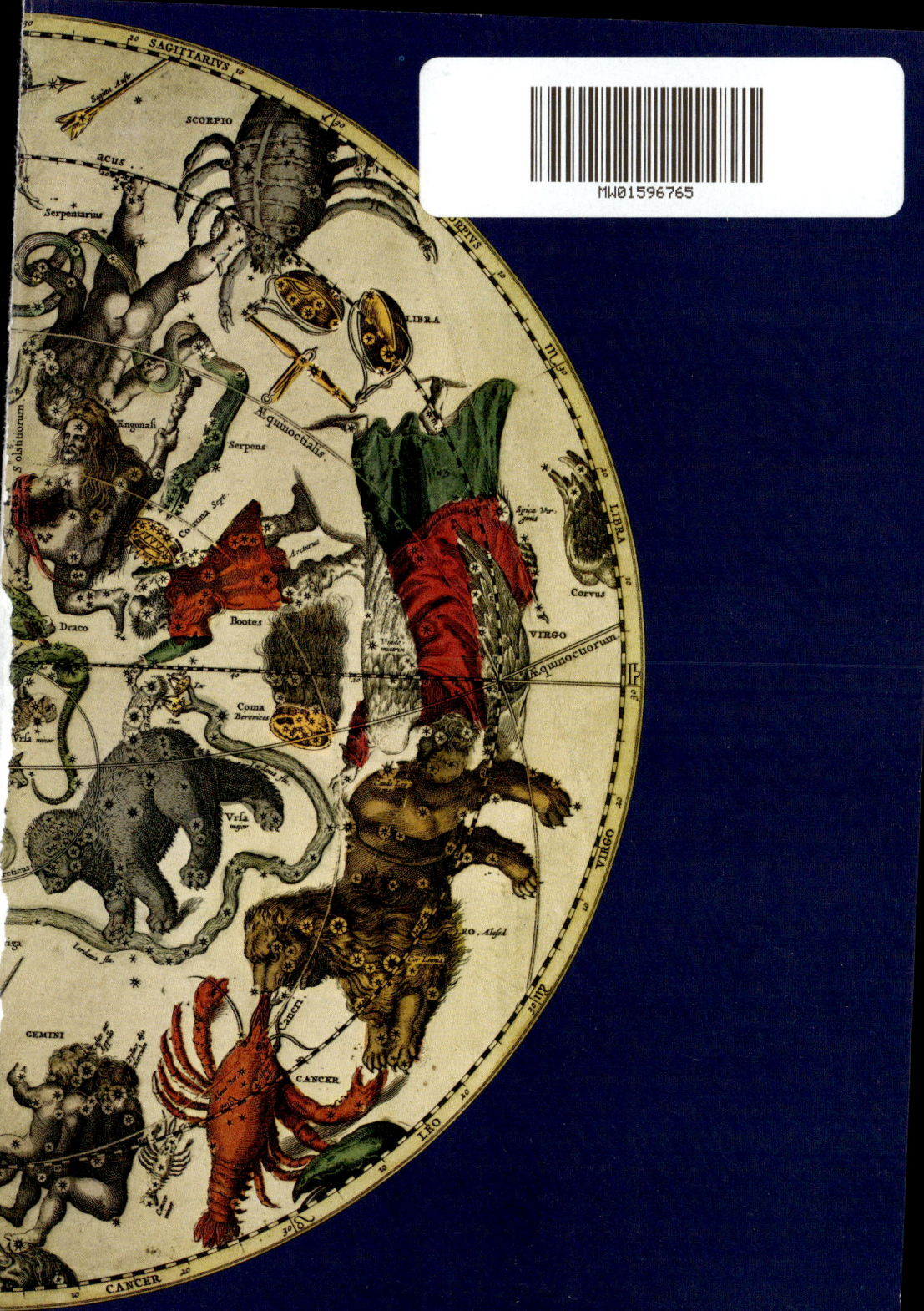

Heinz Haber: Unser Sternenhimmel

Heinz Haber

UNSER STERNEN HIMMEL

Sagen, Märchen, Deutungen

Unter Mitwirkung von
Irmgard Haber

Kösel-Verlag München

Kösel Sachbuch
Redaktion: Hermann Hemminger

CIP-Kurztitelaufnahme der Deutschen Bibliothek

Haber, Heinz:
Unser Sternenhimmel: Sagen, Märchen, Deutungen/Heinz
Haber. Unter Mitw. von Irmgard Haber. –
München: Kösel, 1981.
(Kösel Sachbuch)
ISBN 3-466-11019-X

© 1981 Kösel-Verlag GmbH & Co., München
Alle Rechte vorbehalten
Grafiken, Layout und Umschlag: Design Team, München
Gesamtherstellung: Kösel, Kempten
Printed in Germany
ISBN 3-466-11019-X

Für alle jungen und alten Sternfreunde
und solche, die es werden wollen

*Vor- und Nachsatzblatt: Allegorische Figuren der
Sternbilder aus dem Sternatlas »Harmonia macrocosmica«
des Andreas Cellarius, Amsterdam 1708.*

Inhalt

Bild- und Textnachweis: Kalle GmbH (Vor- und Nachsatzblatt). Ludolf von Mackensen (S. 32). Wolfram Knapp
(S. 50). J. Meeus, C. C. Grosjean, W. Vanderleen: »Canon
of Solar Eclipses« (S. 63). »Bild der Wissenschaft«
(S. 109–127). Bildarchiv Preußischer Kulturbesitz (S. 123).

Vorwort

Alle Forscher, die sich mit der Entwicklung des Menschen während der letzten 500 000 Jahre beschäftigt haben, kommen über eine neue Entdeckung noch nicht so recht hinweg: Wie ist es zustande gekommen, daß sich das menschliche Gehirn in dieser kurzen Zeit der Evolution in seinem Volumen fast verdoppelt und in seiner Fähigkeit fast verhundertfacht hat? Dabei ist wohl das wichtigste Ergebnis in dieser Entwicklung die Tatsache, daß das Nervenzentrum Gehirn nicht nur biologische Funktionen zu steuern hatte, sondern auch instand gesetzt wurde, rational zu denken und das Gesetz von Ursache und Wirkung zu begreifen. Dieses Abstraktionsvermögen ist eine der erstaunlichsten Erfindungen der Natur.

Damit wurde auch die Wissenschaft geboren. Zunächst hat der Mensch natürlich über seine Umwelt nachgedacht, über die tägliche Not des Überlebens und über die Geheimnisse von Geburt und Tod. Vielleicht sollte man diese urtümlichen Überlegungen noch nicht mit dem Namen Wissenschaft benennen. Da gab es allerdings schon eine Erscheinung, die mit ihren wechselhaften Darbietungen der Sphäre der Menschen völlig entzogen war: den Sternenhimmel über ihren Köpfen. Allen Tieren ist er völlig entgangen; nur der Mensch mit seinem geradezu unnatürlichen Gehirn blickt nach oben und wundert sich, was er dort sieht. Über Jahrtausende hinweg hat er festgestellt, daß die leuchtenden Punkte am Himmel zumeist unveränderlich sind. Einige Gestirne allerdings – darunter die Sonne, der Mond und die übrigen Wandelsterne – vollführen über Jahre und Jahrzehnte hinweg einen Tanz, dessen Rhythmen die Neugier des Menschen ungemein reizten. Mit dem Versuch, diese Erscheinungen zu deuten, hat der Mensch die älteste Wissenschaft geschaffen: die Astronomie.

In den Anfängen freilich hat der Mensch versucht, die rhythmischen Szenen des Himmelstheaters mit seinem eigenen Schicksal zu verbinden. Damals noch gab es keinen Unterschied zwischen Astrologie und Astronomie. Es gehört wohl zu den großartigsten Leistungen des menschlichen Geistes, die Mechanik, die Physik und die Chemie der

Himmelskörper zu begreifen. Damit hat sich die Astronomie – eine echte Wissenschaft – von der Astrologie – einem
urtümlichen Aberglauben – scharf getrennt. Was heute
unter Astrologie läuft, ist reine Scharlatanerie und Volks-
verdummung. Was man in Zeitungen und Zeitschriften an
Prognosen für die Bedeutung der zwölf Tierkreiszeichen zu
lesen findet, ist barer Unsinn. Der Wert der Astrologie
steckt darin, daß wir an ihrer Geschichte ablesen können,
was die Menschen vor 1000 und mehr Jahren über den
Sternenhimmel gedacht haben.

Auch wir modernen Astronomen benutzen heute noch
zur Einteilung des Gestirnenhimmels die sogenannten
Sternbilder. Wir müssen weit in die Geschichte der Menschheit zurückgreifen, wenn wir verstehen wollen, daß der
Mensch immer schon Gruppen von helleren Sternen am
Himmelsgewölbe zu Bildern zusammengefaßt hat, wobei er
darin allerlei Gestalten gesehen hat. Diese Gestalten sind
klassische Archäotypen, welche die Menschheit lange schon
in ihren Sagen, Mythen und Geschichten sehr beschäftigt
haben.

Für die Alten war der Sternenhimmel ein glitzerndes
Bilderbuch, mit dem sie ihre wunderschönen Sagen und
Geschichten illustriert haben. Darüber soll in diesem Buch
berichtet werden.

Leider haben wir modernen Menschen selten die Gelegenheit, den Sternenhimmel in seiner ganzen Pracht zu
genießen. Überall stören uns die hellen Lichter unserer
Industriegesellschaft mit Straßenbeleuchtung, Neonrekla-
men und Autoscheinwerfern, die Sterne selbst bei klarem
Himmel zu erkennen. Hier können wir geradezu von einer
»Lichtverschmutzung« reden. Nur bei einer Überquerung
des Atlantik gelang es mir, meinem damals achtjährigen
Sohn auf dem relativ dunklen Hinterdeck eines Ozean-
dampfers die Milchstraße zu zeigen.

Umgekehrt gibt es viele Menschen, welche gerade im
Sternenhimmel noch eine große Romantik der Natur
erblicken. Vielen dieser nachdenklichen Menschen gefällt
es nicht, daß das edle Gedankengut der Naturwissenschaft
heute so verteufelt wird. Mit der heutigen Umweltver-

schmutzung, mit der Vergiftung unserer Landschaften und mit dem Aussterben vieler seltener Tiere und Pflanzen bleibt ihnen eines noch erhalten: der glitzernde Sternenhimmel über ihren Häuptern.

Für solche nachdenkliche Menschen soll dieses Buch geschrieben sein. Sie werden es zu schätzen wissen, daß sie genauso wie die Menschen vor Tausenden von Jahren in die gleiche himmlische Bühne blicken. Auch wir modernen Menschen wollen noch wissen, was unsere langjährigen Vorfahren in dieses Szenario hineingedichtet haben.

In diesem Sinne soll diese Schrift auch ein echtes Familienbuch sein. Es erscheint sehr wichtig, daß gerade unsere Kinder in diese bildschöne Tradition eingebunden werden. Wenn vom Sternenhimmel die Rede ist, dann denken die jungen Leute meist an das Raumschiff »Enterprise« und an Kriege zwischen den Galaxien mit Laserstrahlen und Superatombomben. Das soll der Phantasie der Kinder unbenommen sein. Umgekehrt sind auch unsere Kinder Nachkommen unserer Urahnen, die den Sternenhimmel immer schon bewundert haben und den Sternbildern zeitlose Deutungen gegeben haben.

All jenen romantischen Menschen und ihren Kindern, die dafür noch ein Gefühl haben, soll dieses Buch gewidmet sein.

Hamburg, 1981 Mai 15   *Heinz und Irmgard Haber*

Das Himmelsgewölbe

Weißt du, wieviel Sternlein stehen? Ja, das weiß man. Am ganzen Himmel sehen wir etwa 5000 Sterne. Aber nur die Hälfte von ihnen können wir zur gleichen Zeit sehen, denn das Himmelszelt ist ja nur eine Halbkugel; die andere Hälfte ist von der Erde, auf der wir stehen, verdeckt. Es sind also maximal nur etwa 2500 Sterne, die wir bei einem Blick in den Himmel einer besonders klaren Nacht erkennen können.

In Wirklichkeit aber gibt es Millionen und Milliarden von Sternen; die meisten von ihnen sind jedoch so lichtschwach, daß man sie mit dem bloßen Auge nicht sehen kann. Nur ein Feldstecher, ein Fernrohr oder am besten noch die Himmelsphotographie enthüllen uns diese Millionen von Sternen. Aber selbst diese paar tausend Sterne sind eine so gewaltige Zahl, daß man sie mit einem Blick überhaupt nicht überschauen kann. Sie erscheinen uns wirklich als unzählbar; daher ja auch die Frage des Kinderliedes nach der Zahl der Sterne.

Ganz wenige unter ihnen sind helle Sterne; man nennt sie Sterne erster Größe. Dazu gehört der Stern Sirius, der hellste Stern des Himmels überhaupt. Auch die rötliche Beteigeuze im Sternbilde des Orion ist ein Stern erster Größe. Von ihnen gibt es nur 20 am ganzen Himmel von Nord bis Süd. Zweithellste Sterne gibt es schon bedeutend mehr, wie etwa die sieben Sterne, die das schöne Sternbild des Großen Wagen bilden. Aber auch Sterne dritter Größe sind noch leicht zu erkennen. Das Gesprüh der schwächeren Sterne schmückt dann das Bühnenbild des Himmels aus.

Alle diese Sterne sind scheinbar regellos über den ganzen Himmel verstreut; aber dennoch ordnen sie sich zu bestimmten Gruppen zusammen, wobei vielfach Sterne erster und zweiter Größe näher beieinanderstehen. Solche Sterngruppen sind schon immer zu Sternbildern zusammengefaßt worden, und die Menschen haben schon seit je in diesen Sternbildern allerlei Figuren von Menschen, Tieren und Dingen gesehen. Dabei haben sie ihre ganze Phantasie spielen lassen, und so kam es, daß sich um jedes Sternbild und um jede Sternbildergruppe eine große Zahl von Sagen und Märchen rankt.

Die ganze Pracht des Sternenhimmels auch in wolkenloser Nacht können wir nur fern der Zivilisation genießen, wo uns künstliche Lichter nicht stören. So etwas gibt es nur im Hochgebirge oder auf hoher See, wo wir Tausende von Sternen und den schwachen Schimmer der Milchstraße auf uns wirken lassen können.

Für die Völker aller Zeiten und aller Kulturen war der Sternenhimmel immer schon ein Bilderbuch, das ihre Geschichten illustrierte. Das Erstaunliche dabei ist, daß es sich bei den einzelnen Sternbildern überall in der Welt und zu fast allen Zeiten um die gleichen Motive drehte. Die Phantasie der Menschen war schon immer dieselbe.

Alle diese Sterne sind in ihrer Stellung zueinander fest am Himmel verankert; deshalb nennt man sie auch Fixsterne. So blieben die Sternbilder im Verlauf eines Menschenlebens – ja sogar im Verlauf der Kulturgeschichte der Menschheit – völlig unverändert. Wir erblicken sie heute noch so, wie auch die alten Völker sie gesehen haben. Darin steckt natürlich ein ganz besonderer Reiz, weil wir auch heute noch genau feststellen können, was unsere Vorfahren gesehen haben.

Der amerikanische Astronaut Neil Armstrong, der als erster auf dem Mond gelandet ist, hat sich einmal dazu bekannt, was ihn bei seinem ungeheuren Abenteuer mit Abstand am meisten beeindruckt hat. Es sei dies der Anblick des gesamten Universums gewesen, den er und seine Crew-Kameraden auf dem Wege zum Monde erlebt hätten. In einer Entfernung von etwa 300 000 Kilometern von der Erde konnten sie deren leuchtende Scheibe fast mit dem Daumennagel ihres ausgestreckten Armes verdecken. Der Mond dahingegen war nur noch knapp 100 000 Kilometer entfernt; sein Scheibchen war daher auch nur so klein wie ein Daumennagel. Der Rest des Universums, von den Sternen übersät, umfing sie ringsum als eine volle Kugel.

Nun muß man ja auch noch bedenken, daß die Astronauten während ihres Fluges von der Erde zum Monde völlig gewichtslos waren. Für sie gab es in diesem Zustand überhaupt kein »oben« und »unten«. Sie konnten sich wirklich als den Mittelpunkt des Weltalls ansehen. Es muß in der Tat ein ungeheurer Eindruck gewesen sein, in der Mitte einer riesigen Kugel zu schweben, die ringsum von ungezählten Sternen besprüht war. Wenn sie dann noch ihre Augen vor der blendenden Helligkeit der Sonne, der Erde und des Mondes schützten und die Beleuchtung in ihrem

Wenn wir auf der Erde stehen, so sehen wir den gestirnten Himmel immer nur als Halbkugel mit dem Horizont als Grenze. Man muß schon als Astronaut die Erde verlassen, sich weit von ihr entfernen, damit man das Universum als eine Vollkugel erblickt. Nur wenige Astronauten, die die Reise zum Mond unternahmen, haben die mächtige kugelige Bühne des gesamten Sternenhimmels erlebt.

Wenn wir am Nordpol sind, steht der Polarstern für uns im Zenit. Wir befinden uns auf einem Karussell, und die Sterne bewegen sich in waagerechten Kreisen um den Horizont. Sie gehen daher weder auf noch unter.

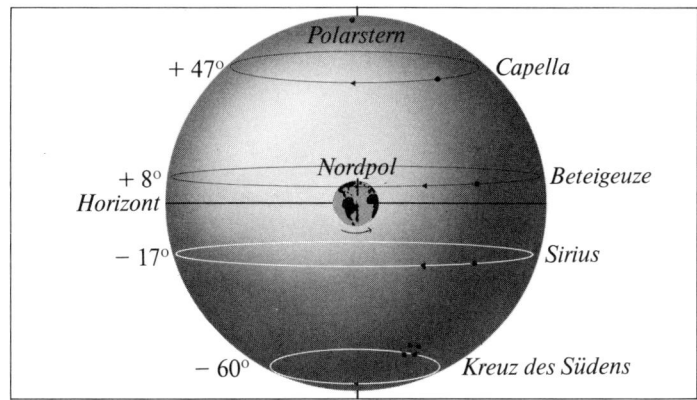

Auch in München empfinden wir trotz der Drehung der Erde unseren Standort immer als »oben«. Jetzt sind Erdachse und Himmelsachse gekippt. Der Polarstern steht 48 Grad über dem Nordpunkt des Horizontes – die Sterne beschreiben schräg liegende Kreise, und die meisten von ihnen gehen auf und unter.

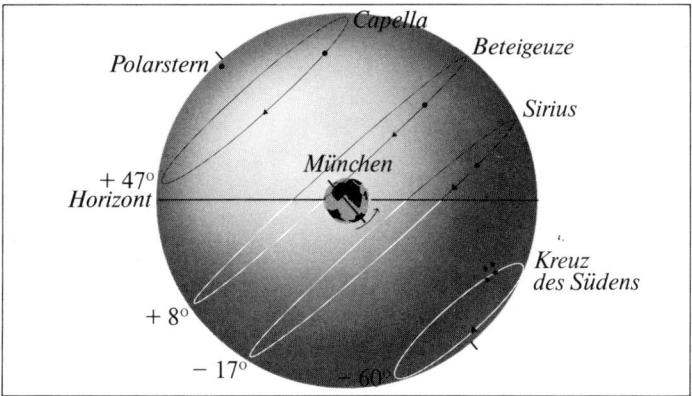

Raumschiff ausschalteten, so konnten sie auch den geschlossenen Ring der zarten Milchstraße erkennen, die ihre kugelige Bühne umgürtete.

Im Gegensatz zu unseren Astronauten können wir erdgebundenen Menschen diese kugelige Bühne des Universums niemals zur gleichen Zeit sehen. Wir stehen ja auf unserer Erde, wenn wir in den Himmel schauen. Dabei muß mindestens immer die Hälfte des Sternenhimmels von dem Boden unter unseren Füßen verdeckt sein. Am besten ist es noch auf hoher See, wo uns dann der Horizont – vom Seefahrer die »Kimm« genannt – die Vollkugel des Universums ziemlich genau halbiert. Sonst, an Land, schneiden uns

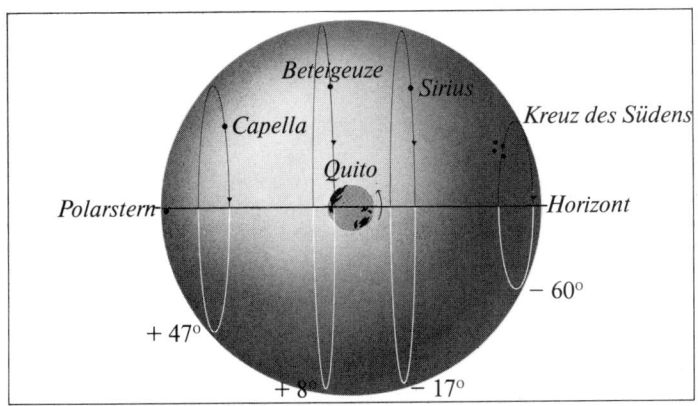

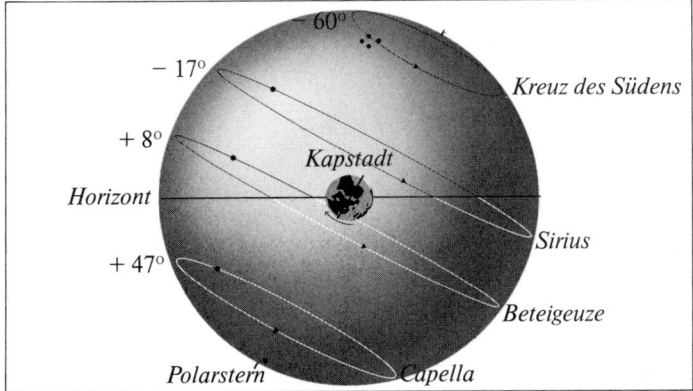

Am Äquator stehen wir senkrecht zur Erd- und Himmelsachse. Der Himmelsnordpol liegt am Nordpunkt, der Himmelssüdpol am Südpunkt des Horizontes. Die Sterne beschreiben senkrecht stehende Halbkreise von Ost nach West.

Auch in Kapstadt sind wir immer »oben«. Wieder erscheint uns die Himmelsachse gekippt, und die Sternbahnen sind schräge Kreisbögen, die jetzt nur in umgekehrter Richtung laufen. Teile des nördlichen Sternenhimmels – darunter Capella – sind dort nie zu sehen.

Berge, Bäume oder Hochhäuser vielfach größere Stücke aus der Halbkugel des Sternenhimmels heraus, die wir dann nicht sehen.

Welche Teile des Universums wir dann jeweils auf der uns sichtbaren Halbkugel des Sternenhimmels sehen, hängt freilich davon ab, auf welchem Ort der Erde wir uns befinden. Stehen wir am Nordpol, dann können wir jeweils nur die nördliche Halbkugel des Sternenhimmels sehen. Sind wir in Mitteleuropa beheimatet, dann kippt unser Horizont um etwa 50 Grad in Richtung Süden, so daß wir auch einen Teil der südlichen Halbkugel des Sternenhimmels zu Gesicht bekommen. Am Äquator schließlich

Unsere Erde dreht sich von West nach Ost; deshalb sieht es für uns so aus, als ob sich der Sternenhimmel von Ost nach West drehte.

können wir jeweils die Hälfte des nördlichen und des südlichen Sternenhimmels erblicken. Am Südpol dann beschränkt sich unser Blick in das Universum ausschließlich auf die südliche Halbkugel des Sternenhimmels.

Bei der Betrachtung des Sternenhimmels von der Erde aus müssen wir bedenken, daß unser Standort, nämlich die Erde, sich während 24 Stunden einmal um ihre Achse dreht, und zwar von West nach Ost. Dieser Bewegung freilich werden wir uns überhaupt nicht inne. Das ist auch der Grund, weshalb die Menschheit bis erst vor kurzem der Meinung war, daß die Himmel sich um die Erde drehten. Nein, es ist umgekehrt. Wir stehen auf unserer Erde wie auf einem Karussell, das uns während eines Tages und während einer Nacht unter dem ganzen Himmelszelt hindurchzieht. Das ist der Grund, weshalb uns der Himmel wie eine riesige Drehbühne erscheint.

Es hängt nun ganz entscheidend von unserem Standpunkt auf der Erde ab, welche Bewegungsform uns diese himmlische Drehbühne vortäuscht. Stehen wir am Nordpol oder auch am Südpol, dann dreht sich das Himmelsgewölbe über uns wie die Halbkugel eines Sektglases, das wir mit dem Rand auf den Tisch stülpen und herumdrehen. Alle Sterne bewegen sich parallel zum Horizont – sie gehen weder auf noch unter; deshalb sehen wir von den Polen aus nur jeweils die nördliche und südliche Halbkugel des Sternenhimmels.

Befinden wir uns in Europa, so taumelt unser Horizont während 24 Stunden vor dem Universum draußen vorbei. Relativ zum Horizont gehen daher die Sterne im Osten auf und im Westen unter. Sie beschreiben elegante Kreisbögen über unseren Himmel, wobei die Sterne jeweils über dem Südpunkt des Horizontes am höchsten stehen. Am Äquator schließlich stehen wir wie auf einer Walze mit waagrechter Achse. Alle Sterne gehen im Osten auf, laufen ganz symmetrisch über den Himmel und gehen dann im Westen wieder unter.

Befinden wir uns in Australien, so haben wir dort eine ähnliche Position wie in Europa. Auch dort führt uns der Horizont während eines Tages und einer Nacht schräg über den Horizont vor dem Universum vorbei, so daß wir auch dort die Sterne im Osten schräg aufgehen und im Westen schräg untergehen sehen. Typisch dabei ist, daß wir von Europa aus nur kleine Teile des südlichen Sternenhimmels, und von Australien aus nur kleine Teile des nördlichen Sternenhimmels jemals über dem Horizont haben. Nur vom Äquator aus kann man alle Sterne im Verlauf eines Jahres sehen.

Bei dieser scheinbaren Drehung des Sternenhimmels müssen wir freilich beachten, daß sich die Drehrichtung der Erde im Uhrzeigersinne oder dagegen umkehrt, wenn wir von der Nordhalbkugel auf die Südhalbkugel reisen. Die Erde dreht sich von Westen nach Osten, so daß bei ihrer Rotation Asien und Afrika führen, gefolgt vom Atlantischen Ozean und den beiden Amerikas. Ziemlich genau in der Mitte des Pazifik hat man dann die sogenannte »Datumsgrenze« gelegt; denn irgendwo muß der Tag ja anfangen und aufhören.

Wenn wir nun von Norden aus auf die Erde herunter blicken, so dreht sich diese gegen den Uhrzeiger. Von der Nordhalbkugel aus gesehen bewegt sich das Himmelsgewölbe demnach im Uhrzeigersinne von links nach rechts. Blicken wir vom Weltall aus auf den Südpol der Erde, dann dreht diese sich im Uhrzeigersinn. Umgekehrt scheint dann für einen Bewohner der Südhalbkugel der Sternenhimmel sich entgegen dem Uhrzeigersinn zu drehen: von rechts nach links. Für einen Sternenfreund, der seinen nördlichen Sternenhimmel und seine »ordentlichen« Drehbewegungen kennt, ist es daher sehr verwirrend, wenn er von Kapstadt oder von Sydney aus in den Himmel schaut. Wenn man sich jedoch bei einer Südseereise in Gedanken buchstäblich auf den Kopf stellt, ist alles wieder in Ordnung.

Von der Nordhalbkugel aus gesehen läuft die scheinbare Bewegung des Sternenhimmels gegen den Uhrzeiger; von der Südhalbkugel aus gesehen läuft sie mit dem Uhrzeiger.

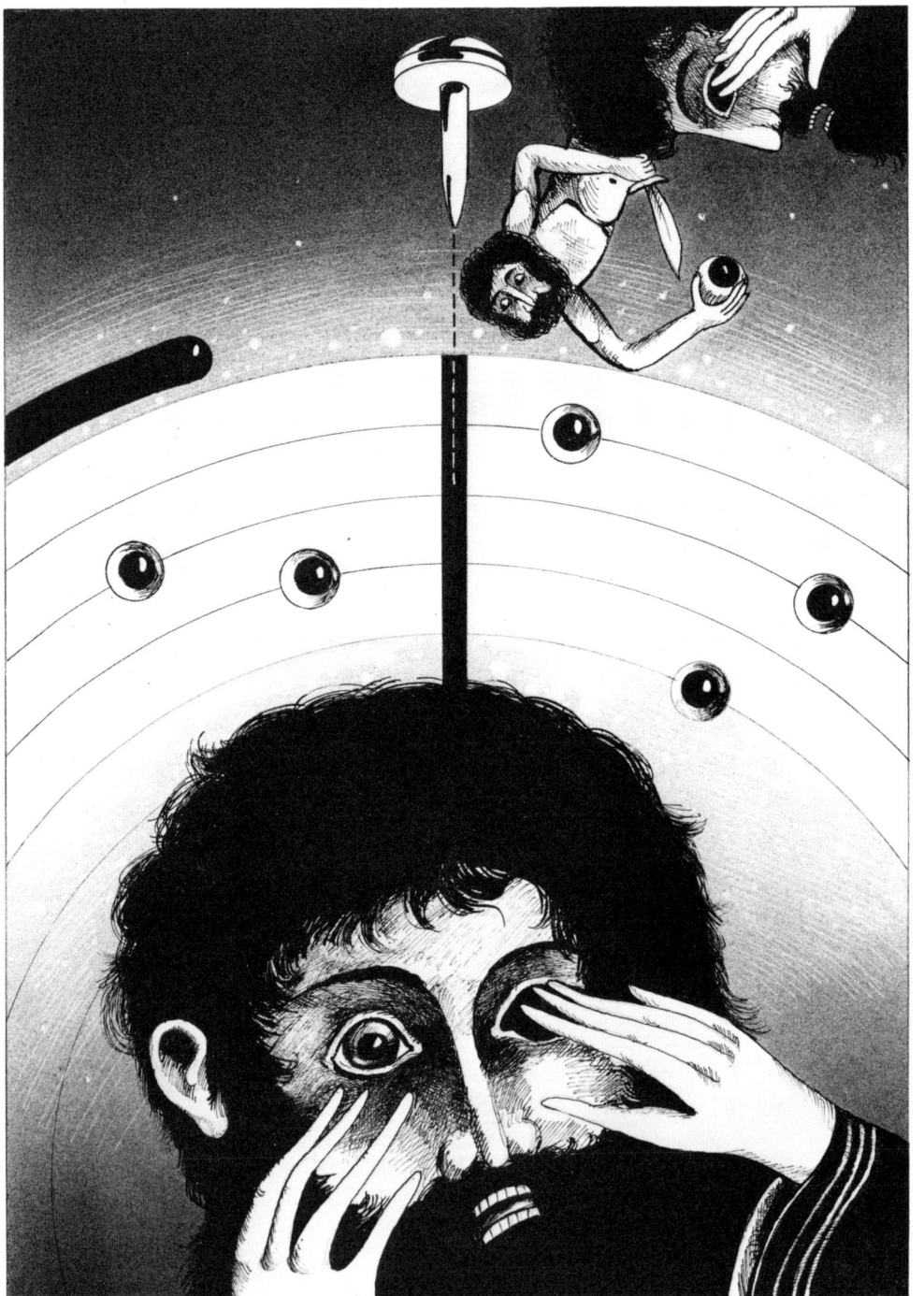

Der silberne Nagel

Wenn eine Kugel sich um eine Achse dreht, dann gibt es zwei Punkte, die an der Umdrehung nicht teilnehmen, sondern stillstehen. Es sind dies jene beiden Punkte, Pole genannt, an denen die Achse die Kugelfläche durchstößt. Die Himmelskugel über uns, an der die Sterne haften, führt eine solche Rotation durch, und auch sie hat daher zwei Pole. Der Zufall will es, daß an einem dieser Pole – und zwar am Nordpol – ein recht heller Stern steht: der Polarstern. Am Südhimmel befindet sich in Polarnähe eine sternleere Stelle, so daß die Menschen der Südhalbkugel keinen Polarstern besitzen. Alle übrigen Sterne beschreiben Kreise um die Pole – nur der Polarstern ändert seinen Platz nicht.

Es liegt auf der Hand, daß diese bevorzugte Stellung des Polarsterns den Menschen immer schon aufgefallen ist. Aus diesem Grund gibt es viele schöne Sagen und Märchen, die sich mit dem Polarstern und seiner Sonderstellung befassen. So berichtet die germanische Sage: Bevor die Asen die Welt erschufen, mußten sie einen bitteren Kampf mit einem Riesengeschlecht bestehen. Es gelang ihnen, die Riesen zu besiegen. Sie erschufen die Welt in Form einer gewaltigen Kugel und hefteten die Augen ihrer besiegten Feinde an ihre Innenfläche. So sind die Sterne entstanden. Zum Abschluß ihres Werkes trieben sie eine riesige Stange quer durch die Kugel und versetzten das Ganze in eine gewaltige, ewige Drehung. Damit ihr Werk auch die rechte Festigkeit gewann, schlugen sie einen großen Nagel mit einem silbernen Kopf in die Achse des Weltalls. Es war dies der Polarstern, der uns heute noch jene Stelle des Himmels zeigt, um den sich das Gewölbe dreht.

Mit seiner unverrückbaren Stellung am Himmel steht der Polarstern in jeder Nacht – jahraus, jahrein – genau über dem Nordpunkt des Horizontes. Aus diesem Grunde ist er schon seit Jahrtausenden der Leitstern der Seefahrer. An ihm können sie sich orientieren. Wenn der Polarstern nur durch ein kleines Wolkenloch hindurchscheint, so kann jeder auf See sofort seinen Kurs bestimmen. Bei den Phöniziern hieß daher dieses Gestirn »stella maris« – der Stern des Meeres, oder »Königin der Nacht«.

Die Asen schaffen das Himmelsgewölbe, das sie mit den Augen ihrer besiegten Feinde bestücken, die heute noch als Sterne leuchten. Als Nabe schlugen sie einen riesigen Nagel mit einem silbernen Kopf in die Achse, den wir heute noch als Polarstern sehen.

Die chinesische Prinzessin Tou Mu kann trockenen Fußes über das Meer wandeln und symbolisiert als Leitstern für die Seefahrer den Polarstern.

Im Laufe von ein paar Stunden können wir verfolgen, wie die Sterne des nördlichen Himmels um den Pol kreisen.

Das gilt natürlich auch für alle Bereiche der Nordhalbkugel, so daß der Polarstern ebenfalls bei den Chinesen eine große Verehrung genoß. Mit ihm verbindet sich ein sehr schönes, altes chinesisches Märchen: Einst lebte in China ein wunderschönes Mädchen mit Namen Tou Mu, das heute noch von den Taoisten verehrt wird. Sie war eine so tugendhafte Jungfrau, daß sie die Geheimnisse des Universums im Innersten verstand. Sie war imstande, trockenen Fußes über das Meer zu wandeln und hat dadurch manchem Seefahrer das Leben gerettet. Diese märchenhafte Eigenschaft deutet schon darauf hin, daß sie mit dem Polarstern, dem Retter so manchen Seefahrers, identifiziert worden ist. Ein chinesischer Kaiser erkor sie zu seiner Gemahlin. Nach ihrem Tod wurde sie von den Göttern in den Himmel versetzt und residiert seit jener Zeit als Königin an jenem Ort des Himmels, der seinen Platz nie ändert. Ihr ganzer Hofstaat und ihre Untertanen sind die übrigen Sternbilder des Himmels in der Nähe des Nordpols und umkreisen ihren ewigen Thron des himmlischen Reiches der Mitte.

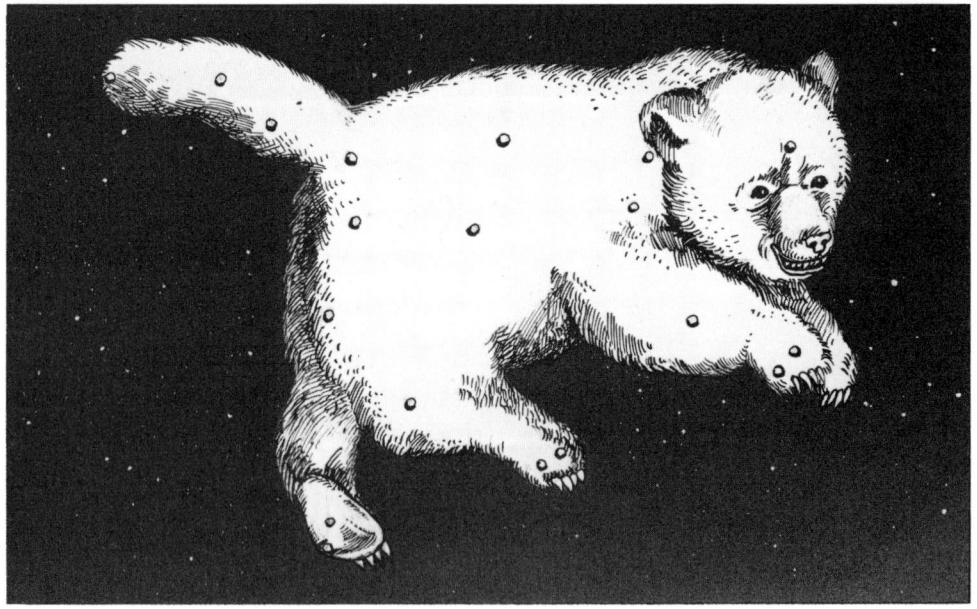

An dieser Stelle sehen wir wieder, wie die Sagen und Märchen des Sternenhimmels bei allen Kulturvölkern der Erde zu ähnlichen Deutungen geführt haben. Die Sterne sind eben ein gemeinsames Erlebnis, das die Phantasie aller Völker in sehr schöner Weise verbindet.

Der Polarstern steht dem mathematischen Himmelspol so nahe, daß er im Verlauf von 24 Stunden nur einen winzigen Kreis am Himmel beschreibt. Aber auch die Sternbilder, die in seiner Nähe stehen, beschreiben im Umlauf der Himmelskugel nur kleine Kreise, so daß sie den Horizont niemals berühren. Sie gehen weder auf noch unter. Es sind dies die sogenannten »zirkumpolaren« Sternbilder. Im Verlauf der Nacht nähern sie sich dem nordwestlichen Horizont; bevor sie jedoch untergehen, erheben sie sich wieder im Nordosten.

Das berühmteste zirkumpolare Sternbild der Nordhalbkugel ist der Große Wagen, jenes schöne Sternbild, das aus sieben, fast gleich hellen Sternen besteht. Jeder kennt es, vor allem als Hilfsmittel zur Auffindung des Polarsterns. Wenn man nämlich die Hinterachse des Großen Wagens um das Fünffache verlängert, so trifft man fast genau auf den Polarstern. Was wir den Großen Wagen nennen, ist nur Teil eines Sternbildes, nämlich des Großen Bären. Wenn man die schwächeren Sterne in seiner Umgebung mit hinzunimmt, so kann man in der Tat das Bild eines Bären in den Himmel zeichnen. Die Deichsel des Wagens ist dann der Schwanz. Die sieben Sterne des Großen Wagens bilden ein sehr auffallendes Gestirn. Die Römer nannten die Länder, die nördlich der Alpen lagen, »septentriones«, nach diesen sieben hellsten Sternen des Großen Bären. Als die ersten weißen Siedler nach Nordamerika kamen, waren sie erstaunt zu hören, daß auch die Indianer in diesem Sternbild einen Bären sahen. Auch in unseren heutigen geographischen Bezeichnungen steckt noch die Bedeutung dieses Sternbildes. Wir sprechen von »Arktis«, abgeleitet von dem griechischen Wort »arktos«, der Bär.

Den alten Völkern war natürlich nicht entgangen, daß die Nachbarsternbilder des Polarsterns weder auf- noch untergehen und daß der Große Bär zu diesen Sternbildern gehört.

Ausschnitt des Sternenhimmels mit dem Sternbild des Großen Wagens, einem Teil des Großen Bären. Wenn man die Hinterachse des Großen Wagens um etwa das Fünffache nach oben verlängert, so findet man den Polarstern.

Die Sterne in der größeren Umgebung des Großen Wagens wurden immer schon als ein Bär gedeutet.

Zeus flirtet mit seiner Geliebten, der Nymphe Callisto.

Er verwandelt Callisto in eine Bärin, um sie vor dem Zorn seiner Gattin Hera zu schützen, und versetzt sie als Sternbild an den Himmel.

Auf die Bitte seiner Schwägerin Hera hin verbietet ihr Schwager Poseidon, der Gott des Meeres, der Bärin, sich jemals in den kühlen Fluten des Meeres zu baden. Das Sternbild des Großen Bären nämlich ist zirkumpolar, das heißt, es ist so nahe am Polarstern, daß es niemals auf- und untergeht und nie den Horizont des Meeres berühren kann.

Wir dürfen uns nicht darüber wundern, daß sie mit ihrer Phantasie allerlei Geschichten an diese Tatsache geknüpft haben. Die berühmteste Geschichte dieser Art dreht sich um ein Liebesabenteuer des Götterkönigs Zeus, dem nach der griechischen Sage der Bär am Himmel seinen Ursprung verdankt. In Wirklichkeit dreht es sich jedoch – wie wir sehen werden – um eine Bärin.

In der griechischen Landschaft Arkadien lebte vor langer Zeit eine schöne Nymphe mit dem Namen Callisto. Als Zeus vom Olymp aus ihrer ansichtig wurde, verliebte er sich in sie und beschloß, sich ihr zu nähern. Als erfahrener Liebhaber begann er zunächst mit ihr zu flirten. Doch schon bei den allerersten Anfängen dieses Liebesabenteuers wurde er von seiner eifersüchtigen Gattin Hera überrascht. Sie war fest entschlossen, dem Idyll ein Ende zu bereiten und sann auf Rache. Zeus jedoch benutzte seine göttliche Allmacht, um seine Geliebte vor dem Zorn seiner Gattin zu schützen. Er verwandelte sie in eine Bärin, so daß Hera ihr nicht mehr nachstellen konnte. Hera jedoch bat die Göttin der Jagd, Artemis, die Bärin mit einem ihrer silbernen Pfeile zu erlegen. Aber auch diesen Plan durchkreuzte Zeus, indem er die Bärin in Sterne verwandelte und an den Himmel versetzte.

Der Zorn Heras war jedoch noch keineswegs beschwichtigt. In ihrer unersättlichen Rache wandte sie sich an den Bruder des Zeus, ihren Schwager Poseidon, den Gott des Meeres. Sie bat ihn, dafür zu sorgen, daß die Bärin sich niemals in den kühlen Fluten des Meeres baden dürfe. Jedesmal, wenn sie sich in ihrem täglichen Umschwung um den Polarstern dem Meere näherte, wurde sie wieder gezwungen, erneut aufzusteigen. Für die reinlichen Griechen war das bestimmt eine empfindliche Strafe.

In dieser Sage drückt sich in entzückender Weise das Wesen der zirkumpolaren Sternbilder aus. Diese stehen so nahe am Pol des Himmels, daß der tägliche Kreis, den sie beschreiben, so klein ist, daß er den Horizont niemals berührt. Die phantasievollen Griechen haben demnach ihre Beobachtungen, die sie am gestirnten Himmel gemacht haben, sehr eindrucksvoll in ihren Göttersagen verewigt.

Der Reiz der Sage von Zeus und Callisto steckt in der Erscheinung der zirkumpolaren Sternbilder: Die verstirnte Bärin darf zur Strafe nie untergehen und sich im Meer baden.

Das Verhältnis von Zeus und Callisto übrigens blieb nicht ohne Folgen. Ihr gemeinsamer Sohn, nach seiner Heimat Arkadien Arkas genannt, wurde ein großer Jäger. Eines Tages sah Zeus, wie Arkas seine eigene Mutter in Bärengestalt unwissentlich jagte. Er schritt sofort ein und versetzte auch seinen Sohn an den Himmel, der von da an zusammen mit seiner Mutter als Kleiner Bär den Pol umkreist.

Die schöne Nymphe Callisto ist gleich zweimal am Himmel verewigt: Als Galilei die vier großen Jupitermonde entdeckte, gab er dem vierten den Namen »Callisto«.

In der Renaissance wurde die schöne Nymphe Callisto zum zweitenmal am Himmel verewigt. Als die von Galilei entdeckten vier großen Jupitermonde benannt wurden, erhielten sie die Namen Io, Europa, Ganymed und Callisto. Io und Europa sind ebenfalls zwei Geliebte des Zeus, und Ganymed ist der griechischen Sage nach der schöne Jüngling, den Zeus als Mundschenk der Götter auf den Olymp holte.

Zwischen den Sternenbildern des Großen und des Kleinen Bären schlängelt sich ein langgestrecktes Sternbild: der Drache. Es sind keine auffallend hellen Sterne, aus denen das Sternbild besteht. In einer klaren Nacht jedoch tritt es deutlich hervor, und man kann sehr schön erkennen, wie sich dieses lange Band von Sternen über eine große Strecke quer über den Himmel entlangwindet. Der dreieckige, schlangenartige Kopf des Drachen befindet sich in der Nähe der Sternbilder Leier und Herkules, während der lange Schwanz in der Nähe des Polarsterns endet. Obwohl das Sternbild nur aus schwächeren Sternen besteht, haben dennoch fast alle Völker zu allen Zeiten in ihm einen Drachen oder eine Schlange gesehen. Der Drache ist eine uralte, mythologische Figur, die in den Sagen und Märchen vieler Völker eine große Rolle gespielt hat. Für die Chinesen ist der Drache ein ganz besonderes Wesen, das ihre Mythologie beherrscht und das sie in phantastischen Darstellungen immer wiedergeben. Auch die Inder, die Ägypter und die Griechen kannten Drachen. Es ist oft vermutet worden, ob vielleicht uralte Menschheitserinnerungen, zusammenhängend mit Funden von Dinosaurierknochen, diesem Mythos immer wieder neue Nahrung gegeben haben. Vielleicht ist der Drache daher weltweit so populär.

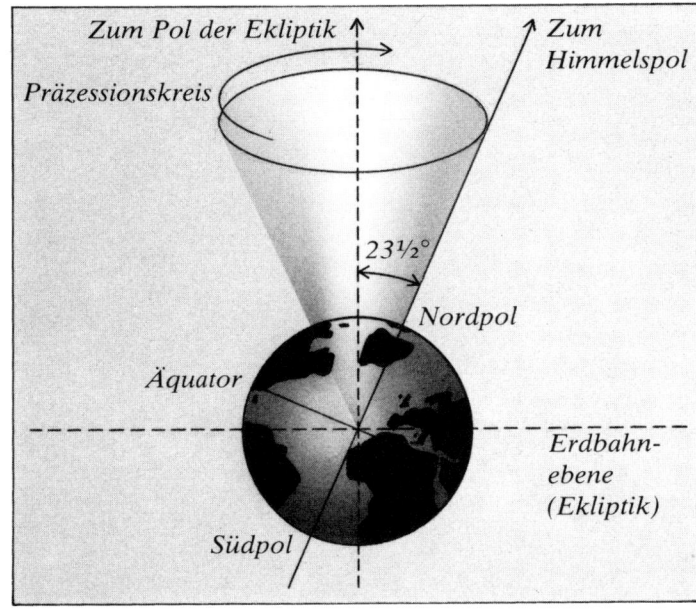

Die Erde ist ein schrägstehender Kreisel und führt im Laufe von etwa 26 000 Jahren eine Kreiselbewegung aus. Dadurch werden im Laufe von Jahrtausenden immer andere Sterne zum Polarstern.

Das Sternbild des Drachen steht in der Nähe des Himmelsnordpols. Es gibt nun einen Grund, weshalb diese Bindung des Drachens an den Nordpol und an die Weltachse besonders stark ist. Wir haben vorhin davon gesprochen, daß der silberne Nagel, der Polarstern, zufällig ziemlich genau am Nordpol des Himmels steht. Das ist nicht immer der Fall gewesen. Die Erdachse führt nämlich im Lauf der Jahrtausende ei-ne Art von Taumelbewegung durch, und so kommt es, daß die Verlängerung der Erdachse am Himmel einen Kreis beschreibt. Für einen vollen Umlauf dieser Bewegung benötigt die Erdachse etwa 26 000 Jahre. Heute also ist es so, daß die Erdachse vom Nordpol ausgehend zufällig ziemlich genau auf unseren heutigen Polarstern weist. Es ist also wirklich nur ein Zufall, daß wir just in einer Zeit leben, in der wir einen schönen hellen Polarstern haben.

Wenn wir nun die Kreiselbewegung der Erde ins Auge fassen und einige tausend Jahre in die Vergangenheit zurückschauen, dann stand unser heutiger Polarstern noch

Als Odin, der Herrscher der Asen, die Riesenschlange aus der Burg Asgard hinauswarf, wickelte sie sich um die Erdachse, die Weltesche Yggdrasil.

gar nicht in der Nähe des Himmelspols. Die moderne Astronomie erlaubt es uns auch, aus der Kreiselbewegung der Erde die genaue Position der Himmelspole in die Vergangenheit zurück- und in die Zukunft vorauszuberechnen. Es sind also ziemlich handfeste Veränderungen, die sich im Laufe von ein paar zehntausend Jahren an unseren Himmelspolen ereignen. So wird es in etwa 13 000 Jahren dazu kommen, daß der hellste Stern des Nordhimmels – der Stern Wega im Sternbild der Leier – so nahe am Himmelspol stehen wird, daß er ein ganz fulminanter Polarstern sein wird. Rückblickend: noch in geschichtlicher Zeit, das heißt vor etwa 3 000 Jahren, war der Stern Thuban im Sternbild des Drachen Polarstern. Das ist der Grund, weshalb die Figur des Drachen oder der Schlange in vielen Kulturen so eng mit dem Himmelspol verbunden ist.

In der griechischen Sage wird berichtet, daß die Götter, bevor sie ihre Herrschaft über die Welt antreten konnten, eine gewaltige Schlacht mit den Titanen zu bestehen hatten. Das gleiche Motiv hatten wir auch schon in der germanischen Sage kennengelernt. Auf der Seite der Titanen nun focht ein gewaltiger Drache, ein Vertreter der alten urtümlichen Naturgestalten. Als sich die Schlacht auf dem Höhepunkt befand, griff dieses Ungeheuer die streitbare Göttin Athene an, die auf der Seite der Götter kämpfte. Die jungfräuliche, tapfere Göttin ließ sich von diesem Untier in keiner Weise beeindrucken. Sie ergriff den Drachen am Schwanz, wirbelte ihn mehrfach über ihrem Haupt und schleuderte ihn mit solcher Gewalt von sich, daß er hoch in den Himmel flog. Das betäubte Tier stieß mit seinem Körper an die Achse der Welt, und der Schwung war noch so gewaltig, daß es sich mit seinem scheußlichen Körper um den Pol wickelte. Seit jener Zeit hängt der Drache am Himmel, und noch heute dreht er sich stets im Kreis.

In vielen Sagen und Märchen der Völker machten Riesen und Ungeheuer wie Drachen den Göttern die Herrschaft streitig, bis sie besiegt wurden.

Es ist das Reizvolle an den Sagen und Märchen, die sich um den Sternenhimmel ranken, daß ihre Motive in den verschiedensten Kulturen immer wiederkehren. Der Drache, den Athene in den Himmel geschleudert hat, kommt auch in der germanischen Göttersage vor, dort in der Gestalt der Schlange Midgard. Die Sage berichtet, daß dieses Untier einstmals gefangen und in die Götterburg der Asen, Asgard, gebracht worden war. Dort wuchs und wuchs es und drohte mit seinem Schwanz die Asen zu erdrücken. Eines Tages wurde es dem Göttervater Odin zuviel. Er ergriff das scheußliche Tier, und mit seiner gewaltigen Kraft schleuderte er es über die hohen Mauern der Götterburg in das tiefe Meer, das im Norden liegt. Dort wuchs die Schlange immer weiter und wurde immer größer. Schließlich erkor sie sich die Weltesche Yggdrasil als Wohnstätte und wickelte sich um den Stamm dieses riesigen Baumes. Gleichzeitig, so haben wir ja gesehen, hatten die Asen bei der Erschaffung der Welt einen langen Schaft als Achse durch das Universum getrieben. Um diese ist nun auch ein scheußliches Reptil gewickelt: das Sternbild des Drachen.

DIALOGO
di
GALILEO GALILEI LINCEO
al SER.mo FERD. II. GRAN. DVCA DI
TOSCANA

Die Wandelsterne

Bisher haben wir nur die sogenannten Fixsterne beschrieben. Jahraus, jahrein bilden sie immer wieder dieselben Figuren, da sie ihre Stellung gegeneinander nicht ändern. So wissen wir auch heute, daß diese Fixsterne – das heißt die am Himmel »angehefteten« Sterne – selbstherrliche Sonnen sind, unserer eigenen Sonne an Größe und im Range gleich. Gleichzeitig bekommen wir dann auch einen Begriff für die ungeheure Größe des Weltraumes, in dem diese Sonnen ausgebreitet sind. Es bedarf wirklich unvorstellbar großer Entfernungen, in die wir diese grell leuchtenden Sonnen entrücken müssen, damit ihre gewaltigen Lichtfluten zu so winzigen Lichtpünktchen zusammenschmelzen, die man nur am dunklen Nachthimmel erkennen kann.

Alle Sterne, etwa 5000 von ihnen, die wir am ganzen Himmel des Nachts als Punkte erkennen können, bilden eine riesige Wolke, die selber Teil unserer Milchstraße ist. Die anderen 200 Milliarden Sterne der Milchstraße sind soweit entfernt, daß sie von der Erde aus nur wie ein schwach leuchtendes Band erscheinen. Dabei dürfen wir niemals vergessen, daß jeder Stern, den wir mit dem bloßen Auge sehen und auf einer Sternkarte orten können, ein allernächster Nachbar der Sonne ist. Dabei dürfen wir uns nicht vorstellen, daß die einzelnen Sonnen der Nachbarschaft unserer eigenen Sonne einen dichten Schwarm bilden wie etwa ein paar tausend Mücken, die des Nachts um eine Lampe schwirren. Gemessen an ihren eigenen Durchmessern sind die Sonnen sehr weit von einander entfernt. Dafür wollen wir ein Beispiel geben.

Nehmen wir einmal an, daß jede Sonne etwa den Durchmesser einer Kirsche hat. Dann sind die Abstände zwischen den einzelnen Sonnen so groß, daß sich im Schnitt etwa in jeder Hauptstadt Europas eine solche Kirsche befindet. Natürlich bewegen sich diese Sonnen auch im Raume, und zwar mit ziemlich großen Geschwindigkeiten – groß allerdings nur mit unseren menschlichen Maßstäben gemessen. Um bei unserem geographischen Beispiel zu bleiben: Es dauert ein paar hundert Jahre, bis die Sonnenkirsche in Berlin sich vom Brandenburger Tor bis etwa zur

Titelblatt des berühmten Werkes von Galileo Galilei, »Dialog über die zwei Weltsysteme«, von 1624. Die drei Figuren stellen die Väter der Astronomie, Aristoteles, Ptolemäus und Kopernikus, dar.

Gedächtniskirche bewegt hat. Wenn man diese kleine Verschiebung von der Pariser oder der Londoner Kirsche aus beobachtet, so kann man praktisch keine Ortsveränderung feststellen. Das ist der Grund, weshalb die Positionen der Fixsterne an unserem Himmel mit dem bloßen Auge gesehen sich auch über Tausende von Jahren hinweg nicht ändern. Aus dem gleichen Grunde auch haben unsere Sternbilder ein so ehrwürdiges Alter.

Unsere Wochentage sind nach den sieben Wandelsternen benannt, die man mit dem bloßen Auge sehen kann; unsere eigene Erde zählt nicht dazu, da wir auf ihr stehen.

Für menschliche Zeitmaßstäbe daher haben wir schon seit Jahrtausenden eine praktisch unveränderliche Kulisse des Sternentheaters. Um so mehr haben sich unsere Vorfahren darüber gewundert, daß es fünf Sterne am Himmel gibt, die relativ schnell ihren Ort ändern. Es sind dies die berühmten Wandelsterne oder auch Planeten genannt. Der Reihe nach heißen sie Merkur, Venus, Mars, Jupiter und Saturn. Heute wissen wir, daß diese fünf Gestirne Geschwister der Erde sind, die genauso wie sie die Sonne in regelmäßigen Rhythmen umkreisen. Nun gibt es freilich noch zwei andere Gestirne, welche – von der Erde aus gesehen – ebenfalls ihren Ort vor der unverrückbaren Kulisse des Fixsternhimmels ändern. Es sind dies die Sonne und der Mond. Diese beiden Gestirne sind die einzigen am irdischen Himmel, welche auch für das bloße Auge eine Scheibe zeigen. Trotzdem zählt man auch die Sonne und den Mond zu den »Wandelsternen«.

Inzwischen hat man mit Hilfe von Fernrohren noch weitere Planeten entdeckt, die auch ihren Ort vor dem Sternenhimmel ändern. Es sind dies die Planeten Uranus, Neptun und Pluto, die ebenfalls zu den sogenannten »großen« Planeten gerechnet werden. Dazu kommen noch fast tausend bekannte »kleine« Planeten, die man jedoch nur mit Fernrohren und mit den gerissenen Mitteln der Himmelsphotographie entdecken konnte. Zusammen mit den drei äußersten großen Planeten Uranus, Neptun und Pluto bleiben sie jedoch dem unbewaffneten Auge verborgen. Daher können wir diese hier beiseite lassen: Wir wollen uns ja nur auf den Anblick des Sternenhimmels beschränken, wie man ihn mit dem bloßen Auge erkennen kann, und wie auch unsere Vorfahren ihn gesehen haben. Um diese sieben Wandelsterne ranken sich natürlich zahllose Sagen und Märchen aus allen Bereichen und aus allen Zeiten der menschlichen Kulturgeschichte.

Wie wir schon besprochen haben, sind unsere menschlichen Zeitvorstellungen so bemessen, daß wir für die Veränderungen der Fixsternstellungen am Himmel keinen Sinn haben. Und das ist es gerade, was unsere Wandelsterne so auffällig macht. Ihre Positionsänderungen am Himmel passen nämlich in den Rahmen unserer Zeitvorstellungen. So benötigt unser Mond nur knapp einen Monat, um das ganze Himmelsgewölbe einmal zu umrunden. Jeden Tag steht so der Mond ganz woanders am Himmel. Unsere Sonne läßt sich etwas mehr Zeit. Für eine Umrundung des Sternenhimmels benötigt sie genau ein Jahr. Darüber brauchen wir uns nicht zu wundern; dieser jährliche Weg um den Himmel, den die Sonne beschreibt, ist ja nur ein Spiegelbild des Umlaufes der Erde selbst um die Sonne. Wir glauben nämlich, daß wir stillstünden. In Wahrheit jedoch umkreisen wir die Sonne, so daß sich ihr Ort vor der Himmelsbühne von Tag zu Tag und Monat zu Monat langsam verschiebt. Es ist diese scheinbare, jährliche Kreisbewegung der Sonne, welche sie zu einem »Wandelstern« macht.

Auch die Sonne und der Mond sind »Wandelsterne«, da sie gleich den fünf ohne Fernrohr sichtbaren Planeten ihren Ort vor dem Hintergrund der Fixsterne laufend ändern.

Die Umlaufszeiten der fünf Planeten, die wir mit dem bloßen Auge beobachten können, sind ziemlich verschieden lang. Der innerste Planet, Merkur, benötigt nur 88 Tage, um die Sonne zu umkreisen. Deswegen steht er, von der Erde aus gesehen, während eines Jahres ein paar Male rechts oder links neben der Sonne. Unsere Schwesterwelt Venus benötigt 225 Tage für einen Umlauf um die Sonne. Entsprechend langsamer ist der Rhythmus, mit dem sie im Verlauf der Monate rechts oder links von der Sonne steht – das heißt, wann sie Morgen- oder Abendstern ist.

Die äußeren Planeten Mars, Jupiter und Saturn bewegen sich noch langsamer. Ein Marsjahr dauert etwa zwei Erdjahre, ein Jupiterjahr dauert zwölf Erdjahre und ein Saturnjahr gar fast 30 Erdjahre. Immerhin ist es so, daß ein Mensch während seines Lebens es fünf- oder sechsmal erleben kann, daß der Jupiter das Himmelsgewölbe umrun-

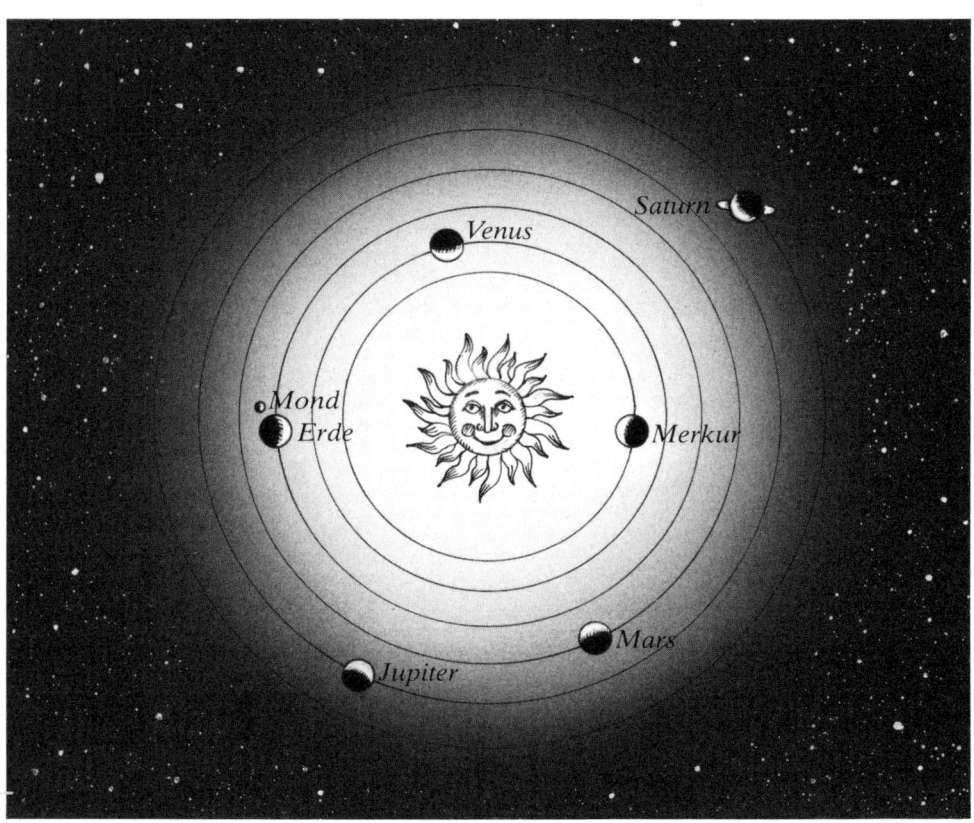

*Das Weltsystem des
Kopernikus mit der
Sonne in der Mitte,
umkreist von den
fünf mit dem bloßen
Auge sichtbaren
Planeten: Merkur,
Venus, Mars, Jupiter
und Saturn. Unsere
Erde ist auch ein
Planet mit eigener
Bahn um die Sonne.*

det. Selbst zwei Saturnumrundungen passen immerhin in die
Zeitspanne, die der durchschnittlichen Lebenserwartung
eines Menschen entspricht.

Die Positionsänderungen der Planeten vor der Himmelsbühne sind freilich nur zum Teil durch ihre eigene Kreisbewegung um die Sonne bedingt. Wir dürfen hier nicht
vergessen, daß wir uns das ganze Theater von einem
Standort aus angucken, der selber dauernd seine Position
ändert. Dadurch kommt es zustande, daß unsere Schwester-
planeten vor dem Himmelshintergrund sehr eigenartige
Schleifen ausführen. So etwas passiert immer dann, wenn
die Erde auf ihrer Bahn einen äußeren Planeten – der die

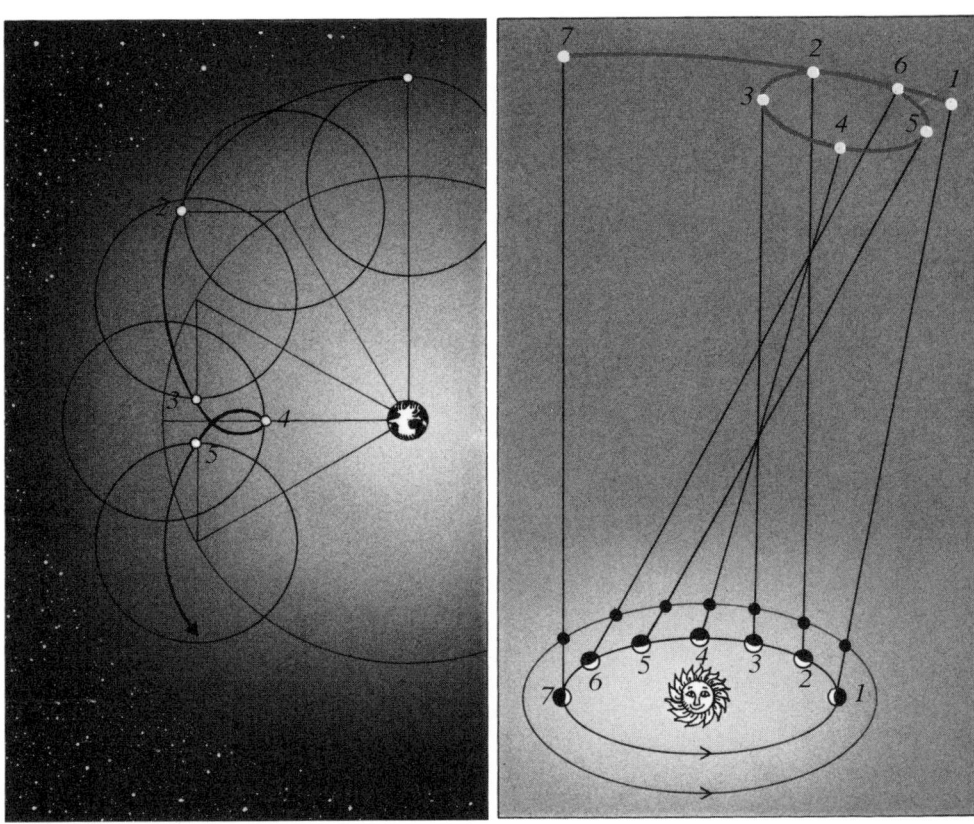

Sonne ja langsamer umkreist – auf der Innenspur der Aschenbahn überholt. Diese Schleifenbewegungen der Planeten ereignen sich immer dann, wenn, von der Sonne aus gesehen, die Erde und ein äußerer Planet in der gleichen Richtung angeordnet sind. Heute, da wir einen unabhängigen Standpunkt gewonnen haben, von dem aus wir die Bewegungen aller Planeten im Geiste vor uns sehen, sind uns diese Schleifenbewegungen der Erde unmittelbar einsichtig. Wie aber sollten die Astronomen des Altertums diese Schleifenbewegungen erklären, da sie doch die Erde als den unverrückbaren Mittelpunkt des Universums ansehen, um den sich alles drehte?

Ein äußerer Planet wie etwa Mars beschreibt eine scheinbare Schleife am Himmel, wenn ihn die Erde auf der Innenbahn überholt. Das Bild links zeigt die Erklärung dieser Bewegung nach Ptolemäus, rechts nach Kopernikus.

Fast 1500 Jahre gaben sich die Menschen mit der einleuchtenden Erklärung des Ptolemäus für die Planetenschleifen zufrieden, bis Kopernikus sie eines Besseren belehrte.

Der griechische Astronom Ptolemäus hatte zur Lösung dieses Problems eine ganz geniale Idee. Es ist offenbar richtig – so sagte er – daß die Planeten die Erde als Mittelpunkt umkreisen. Allerdings ist es nur ein gedachter Punkt, der auf der jeweiligen Planetenbahn die Erde umkreist. Dieser Punkt selber ist nun der Mittelpunkt eines kleineren Kreises, den der Planet um den gedachten Punkt beschreibt. Diese kleinen Kreise sind die berühmten »Epizyklen« des Ptolemäus, auch »Aufkreise« genannt.

Man muß sich diese schöne Idee des Ptolemäus einfach einmal hinmalen, um zu begreifen, daß man damit die Schleifenbewegungen der Planeten höchst elegant erklären kann. Nicht umsonst waren die alten griechischen Mathematiker die Zaubermeister der Geometrie. Ptolemäus war einer von ihnen. Das nach ihm benannte »ptolemäische« Weltsystem, mit der Erde in der Mitte, hat die Bewegungen der Planeten vor dem Himmelshintergrund so sauber gedeutet, daß die Menschheit nach ihm eineinhalb Jahrtausende völlig damit zufrieden war. Dabei müssen wir uns darüber im klaren sein, daß dies nur eine rein geistige Konstruktion war, welche die natürlichen Bewegungen der Planeten um die Sonne in ihrer Realität überhaupt nicht darstellte. Trotzdem gehört das Werk von Ptolemäus zu den größten geistigen Taten der Menschheitsgeschichte.

Als Mitte des 16. Jahrhunderts Kopernikus schließlich die Erde aus dem Mittelpunkt des Universums herausriß und die Sonne an ihre Stelle setzte, waren die Planetenschleifen auch ohne die Epizyklen des Ptolemäus unmittelbar verständlich. Auch das muß man sich hinmalen. Ein äußerer Planet muß immer eine Schleife ausführen, wenn die schnellere Erde ihn in regelmäßigen Abständen auf der Innenbahn überholt. Wir wissen heute, daß es so ist. Der geistigen Leistung eines Ptolemäus freilich tut das überhaupt keinen Abbruch.

Jetzt aber einmal weg von Ptolemäus und Kopernikus. Diese haben ja als Astronomen lediglich den Versuch gemacht, die relativ schnellen Bewegungen der Planeten vor dem Himmelshintergrund wissenschaftlich zu deuten. Für die alten Völker jedoch mußten die Wandelsterne einen

göttlichen Charakter haben. Sie sind völlig weltentrückt, und es gibt offenbar überhaupt keine menschliche oder irdische Kraft, die ihren ewigen Lauf ändern oder auch nur beeinflussen könnte. Da die alten Völker vor dem Aufschwung des Christentums und des Islams der Vielgötterei huldigten, war es nur zu natürlich, daß man in den Wandelsternen Götter erblickte.

Einmal täglich überfuhr der griechische Sonnengott Helios oder auch Apollo das Himmelsgewölbe von Ost nach West.

Der hellste der Wandelsterne ist die Sonne. Mit ihrer überwältigenden Strahlungskraft hat sie auf die Menschen seit je einen großen Eindruck gemacht. Für die Griechen war die Sonne ein fröhlicher junger Gott, der täglich einmal mit seinem Wagen den Himmel umrundete.

In vielen Religionen war die Sonne der König der Götter. Die Ägypter sahen in der Sonne das lebenspendende Element. Es ist rührend zu sehen, wie in zahlreichen ägyptischen Darstellungen die Sonnenstrahlen in Händen enden, welche die Erde und die Menschen segnen.

Auch die alten Azteken und Mayas erblickten in der Sonne einen der höchsten Götter, der ihnen neben Licht und

Nur bei den Völkern von Mittel- und Nordeuropa ist »der« Mond männlich; praktisch überall sonst auf der Welt ist die liebliche Nachtleuchte am Himmel weiblich.

Wärme auch ein Maß der Zeit gab. Der berühmte Kalenderstein aus dem alten Mexiko hat die Form einer Scheibe, in der wir auch die Sonne sehen müssen.

Eine besonders auffällige Erscheinung, die in allen Sonnenreligionen eine große Rolle spielt, sind die Jahreszeiten. Wir alle wissen, daß die Sonne ihren Stand am Himmel im Verlauf eines Jahres ändert: im Sommer steht sie hoch, im Winter tief. Während des Winters haben die Menschen immer schon befürchtet, daß die Sonne vielleicht nicht wieder auferstünde.

Das zweithellste Gestirn am irdischen Himmel ist der Mond. Er ist uns so nahe, daß er sich – wie die Sonne – als Scheibe zeigt. Beide Scheiben sind scheinbar gleich groß, weil die Sonne zwar 400mal größer als der Mond, aber zufällig auch 400mal weiter von der Erde entfernt ist.

Fast bei allen Völkern war der Mond eine weibliche Gottheit; nur bei wenigen Stämmen wie etwa bei den Germanen war der Mond männlich. Aber selbst im Englischen heißt es noch »he, the Sun«, und »she, the Moon«.

Dabei ist der Mond mit seinem silbrigen Schein viel geeigneter, eine weibliche Gottheit darzustellen. Bei den Chinesen war der Mond die Göttin der Liebe und der Fruchtbarkeit. Mit dem Lichtwechsel ihrer schönen Phasen repräsentiert die Mondgöttin bei vielen Völkern das ewige Gesetz vom Wachsen und Vergehen.

Als Scheiben erscheinen uns also nur Sonne und Mond; die übrigen fünf Wandelsterne sind so klein und so weit von uns entfernt, daß wir sie nur als Lichtpunkte sehen. Sie erscheinen uns daher als echte Sterne. Sie sind alle Sterne erster Größe, die freilich ihre Leuchtkraft von Monat zu Monat etwas ändern. Die Änderungen von Position und Leuchtkraft kommen dadurch zustande, daß die Planeten zusammen mit der Erde die Sonne umlaufen, und zwar der Reihe nach von innen nach außen: Merkur, Venus, dann unsere eigene Erde, Mars, Jupiter und Saturn. Je weiter die Planeten sich von der Sonne entfernen, um so langsamer bewegen sie sich vor dem Himmelshintergrund. So hat jeder Planet nach Geschwindigkeit, Helligkeit und Farbe bestimmte Eigenschaften, welche die Menschen seit alters her zu besonderen Deutungen herausgefordert haben.

Der innerste und schnellste Planet ist der Merkur. Deshalb war er bei den Griechen der Bote der Götter, der – mit seinen Flügelsandalen versehen – die Welt durcheilte. Er ist der Gott des Handels und des Verkehrs; gleichzeitig ist er ein sehr listenreicher Gott. Die Menschen, die unter seinem Zeichen geboren sind, gelten als besonders wendige und geschickte Geschöpfe. Das freilich ist astrologischer Aberglaube. Denn der Sternenhimmel ist dem irdischen Geschehen weit entrückt; er kann von den Menschen in keiner Weise beeinflußt werden. So kann man gut verstehen, wie die Astrologie entstanden ist. Die Menschen sahen im Geschehen am Himmel ein Spiegelbild ihres eigenen Schicksals und glaubten sogar, ihre Geschicke und die Zukunft darin lesen zu können. Doch in diesem Sinne ist die Astrologie Unsinn – das wissen wir heute.

Der nächste Planet ist die Venus, nach Sonne und Mond mit Abstand der hellste Stern am Himmel. Deswegen war sie bei den Griechen und Römern die »Schaumgeborene«.

Unter den sieben Wandelsternen sind fünf punktförmig; nur Sonne und Mond erscheinen uns als Scheiben, da sie entsprechend ihrer Größe der Erde recht nahe stehen.

Der schnellste Planet, der hurtige Merkur, ist der Gott des Handels, des Verkehrs – aber auch der Diebe.

Bei besonders klarer Sicht kann man sie sogar am Tage mit bloßem Auge sehen. Des Nachts – auf einer schneebedeckten Landschaft – wirft sie sogar einen Schatten. Wenn also der Planet Venus am Horizont des Meeres aufgeht, so sieht man ihn sogleich ganz unten an der Kimm. Alle anderen Sterne sind so viel lichtschwächer, daß sie den Dunst am Horizont nicht durchstrahlen können und erst dann sichtbar werden, wenn sie etwas höher stehen.

Der Planet Venus hat zwei bedeutende Aspekte: Er kann sowohl Morgen- als auch Abendstern sein. In allen Kulturen ist Venus eine weibliche Gottheit. Sie ist die Göttin der Liebe und der Schönheit: die Aphrodite der Griechen, die Venus der Römer, die Ischtar der Assyrer und die Astarte der Phönizier. Sie ist die Tochter des Zeus, Gemahlin des Vulkan, Geliebte des Mars und die Mutter von Amor. Sie repräsentiert die weibliche Liebe in allen ihren Formen.

Der strahlendste Planet des Himmels ist die Liebesgöttin Venus, unser lieblicher Morgen- und Abendstern.

Jeder, der die Venus in ihrem größten Glanz je einmal am Himmel gesehen hat, weiß, daß sie neben dem Mond das lieblichste Gestirn ist. Die Menschen haben also immer

Unter allen Planeten hat nur Mars eine blutrote Farbe; deshalb war er bei vielen Völkern der Gott des Krieges: der Ares der Griechen, der Mars der Römer und der Thor der Germanen.

schon gewußt, weshalb sie Venus und Mond mit weiblichen Gottheiten verbunden haben. Auch die Astrologen sind der Venus sehr gewogen. Der römische Schriftsteller Plinius schrieb: »Alles auf Erden wird durch ihre Kraft erzeugt. Durch ihr zweimaliges Erscheinen – eine Zeitlang morgens und eine Zeitlang abends – verbreitet sie fruchtbaren Tau auf der Erde und stachelt alle lebenden Wesen zur Befruchtung an.« Ptolemäus schreibt über die Venuskinder: »Sie sind schöner und anmutiger, weiblicher, von körperlichem Wohlduft und durch strahlende Augen ausgezeichnet.«

Der Planet Mars ist der erste der »äußeren« Planeten, welche die Sonne außerhalb der Erdbahn umkreisen. Sein

Abstand von der Erde ändert sich während seines Umlaufs sehr stark. Im gleichen Maß wechselt auch seine Helligkeit. So ist er monatelang ein recht unscheinbarer Stern, um dann schließlich zu anderen Zeiten zum zweithellsten Stern am Himmel zu werden – nur noch von der Venus im Glanz übertroffen.

Bei seinem Lauf um die Sonne hält er plötzlich inne – sein Gesicht wird röter und röter im Zorn, er läuft zurück und wird heller und heller. So sahen die Astrologen den Mars schon seit je. Wenn er – der Gott des Krieges – am Himmel sein Haupt im Zorn schüttelt, bedeutet es Krieg und Blut für die Menschen auf Erden.

Von den Marskindern sagt Ptolemäus: »Der aufgehende Mars erzeugt rötliche, große, kräftige und hellhäutige Menschen mit warmem Temperament. Der untergehende Mars macht sie einfach, kleinköpfig, gelbhaarig und mittelgroß. Sie sind edel und mutig, aber auch rücksichtslose Herrschernaturen. Oft sind sie auch roh, rebellisch, blutdürstig, raubgierige Raufbolde und jähzornige Gottesverächter.«

In ihrer urtümlichen Astrologie glaubten die alten Völker, daß die Charaktere und Schicksale der Menschen von den Eigenschaften der Planetengötter bestimmt seien.

Nun kommen wir zu Jupiter, dem König der Götter und der Planeten. Langsamen Schrittes durchmißt er den Himmel und benötigt für eine Umkreisung genau zwölf Jahre. Dieser Planet ist einer der hellsten Sterne am Himmel. Seine Helligkeit schwankt nur sehr wenig, und sein königlicher Gang durch die Sternbilder des Tierkreises hat ihm die Rolle des Königs der Götter, Jupiter oder Zeus, eingebracht.

Nach der griechischen Mythologie ist Zeus der Sohn des Kronos und der Rhea. Zeus entriß seinem Vater Kronos die Herrschaft der Welt und teilte sie sich mit seinen Brüdern Poseidon und Hades durch das Los. Poseidon wurde Gott des Meeres und Hades Gott der Unterwelt, er hingegen Herrscher des Himmels, des Wetters, der Luft und der Erde. Er ist der Vorsitzende im Rat der Götter – aber auch ein leichtsinniger Liebhaber, der 115 uneheliche Kinder zeugte. Den lebensfreudigen Griechen allerdings wäre niemals eingefallen, dies ihrem Göttervater übelzunehmen.

Für die Astrologen ist der Stern des lichten Himmelsgottes das »große Glück«. Er verleiht Kindern eine große,

Fast 30 Jahre benötigt der Planet Saturn, das Himmelsgewölbe zu umrunden. Der lahme Gott steht am Ende der Planeten- bahnen – so ist er auch der Gott der Unterwelt und des Nichts.

ehrfurchtgebietende Gestalt, schöne helle Hautfarbe und eine weise, gemäßigte Gemütsart. Jupiterkinder werden meist Würdenträger, Richter, Staatsmänner, Priester und klassische Vaterfiguren – so weiß Plinius zu berichten. Ptolemäus bezeichnet sie als fromm und ehrfurchtsvoll, hochherzig und freimütig, leutselig, gerecht und voller Würde.

Der äußerste Planet, den man mit dem bloßen Auge noch sehen kann, ist der Saturn. Daher weiß auch die Mythologie über die erst in unserer Zeit entdeckten Planeten – Uranus, Neptun und Pluto – nichts zu berichten. Von den bereits im Altertum bekannten Planeten bewegt sich Saturn mit Abstand am langsamsten. Zu einem Umlauf am Himmel benötigt er fast 30 Jahre. So lag es nahe, daß die alten Völker den Saturn immer mit einem lahmen Gott identifiziert haben. Er war der Vulkan, der von seiner göttlichen Mutter verstoßen und vom Olymp heruntergeworfen wurde. Dabei hat er sich den Fuß gebrochen. Das erklärt auch seinen langsamen, hinkenden Gang und auch seine griesgrämige

Gemessenen Schrittes umkreist der Planet Jupiter (linke Seite) mit stets gleichhellem, weißen Licht in zwölf Jahren den Himmel. Diese Ausgewogenheit hat diesen Planeten bei allen Völkern zum Herrscher der Götter gemacht.

Im Altertum hatte die Astrologie noch einen tiefen Sinn. Wir modernen Menschen haben einen völlig anderen Einblick in das Himmelsgeschehen: Die »moderne« Astrologie ist ein alberner Aberglaube.

Natur. Er ist der Alte, der Grüblerische und der Melancholische. Aber durch seine Geschicklichkeit in der Behandlung des Feuers und der Metalle genoß er bei den Menschen dennoch einen großen Respekt. Auch Wieland der Schmied, der gelähmte Held der germanischen Sage, trägt die gleichen Züge.

Nach der Anschauung der Astrologen sind Saturnkinder von niedriger Gesinnung, stumpfe Naturen, einsiedlerisch, gehässig, feige und hinterhältig. Ihnen drohen in ihrem Leben Elend, Verwaisung, Gefangenschaft und Fesselung. In allen Sagen der verschiedensten Völker erkennen wir immer wieder das Symbol des lahmen Handwerkers, der dem schleichenden Planeten gleichgesetzt wird.

Die langsamen, geheimnisvollen, weltentrückten und unbeeinflußbaren Bewegungen der Wandelsterne haben die Menschen immer schon fasziniert. Sie waren für sie seit jeher göttlich. Selbst wenn wir Menschen heute die Bewegungen der Planeten verstehen und ihre Gesetze erkannt haben, so können wir dennoch begreifen, daß die alten Völker von den Erscheinungen des Himmels ergriffen waren.

Jahrtausende haben die Menschen beobachtet, welche merkwürdigen Bewegungsspiele unsere Wandelsterne vor der Bühne des Himmels vollziehen. Besonders die Planetenschleifen – um deren Erklärung sich Ptolemäus und Kopernikus ja so bemüht hatten – spielten dabei keine geringe Rolle. Normalerweise wandern die Planeten gemächlich von West nach Ost. Dann jedoch plötzlich halten sie an in ihrem Lauf und werden »rückläufig«, das heißt für kurze Zeit laufen sie von Ost nach West. Dann halten sie an und beginnen wieder ihren normalen, rechtläufigen Gang von West nach Ost.

Besonders bei dem Planeten Mars ist es sehr auffällig, daß er während dieser Zeit der Schleifenbewegung sehr viel heller wird als sonst. Kein Wunder – während dieser Zeit steht er der Erde ja auch am nächsten und ist dann auch besonders hell. Solche Zeiten einer sogenannten »Marsopposition« waren von den Völkern seit je gefürchtet: sahen sie doch darin ein Zeichen für Krieg, Pestilenz und andere Katastrophen für die Menschheit.

Die beiden äußeren Planeten Jupiter und Saturn machen zwar einmal im Jahr ihre Schleifen, da die Erde auf ihrer Bahn um die Sonne sie etwa einmal im Jahr innen überholt. Nun freilich kommt es selten vor, daß diese beiden Planeten am gleichen Ort und zur gleichen Zeit ihre Schleife am Himmel vollziehen. Da die Schleife des Jupiter etwa doppelt so groß ist wie die des Saturn, kann es vorkommen, daß sich im Verlauf eines halben Jahres die beiden Planeten dreimal hintereinander treffen. Dabei überholt der rechtläufige und schnellere Jupiter den langsameren Saturn; dasselbe ereignet sich noch einmal, wenn beide in ihrer Schleife rückläufig sind, und ein drittes Mal, wenn beide wieder rechtläufig sind. Da beide Planeten ziemlich lahm um die Sonne kreisen, dauert es ziemlich lange, bis sich ein solches Schauspiel am Himmel wiederholt. Jahrhundertelang muß man warten. In unserem Jahrhundert hatten wir die ausgefallene Gelegenheit, so etwas zweimal zu sehen, als die beiden Großplaneten zwischen Anfang Juni 1940 bis Ende März 1941 gemeinsam ihre gemächlichen Schleifen zogen. Dasselbe wiederholte sich in der ersten Jahreshälfte 1981. Dennoch sind die klassischen »großen« Konstellationen recht selten.

Wir müssen schon ganz weit in die Vergangenheit zurückgreifen, um eine ähnliche Konstellation zu fixieren. Das war im Jahre 7 vor Christus. Geschichtsforscher und Astronomen sind sich heute darüber einig, daß wir in jener seltenen Konstellation der Planeten Jupiter und Saturn den berühmten Stern von Bethlehem erblicken müssen.

Die »große« Konstellation von Jupiter und Saturn – wenn sie gemeinsam an der gleichen Stelle des Himmels ihre Schleifen ziehen – hat Astrologen und Astronomen immer schon fasziniert.

Kosmische Schattenspiele

Im vorigen Kapitel hatten wir auch den Mond und die Sonne zu den Wandelsternen gezählt. Viele Sternfreunde verstehen das nicht, da ja der Mond und die Sonne am Himmel für das bloße Auge kleine Scheiben zeigen. Ein »Stern« dahingegen müßte doch punktförmig sein. Nun, dieser Widerspruch löst sich sofort, wenn man anstelle von »Wandelstern« einfach das Wort »Wandelgestirn« benutzen würde. Das ist freilich unüblich. Wichtig ist, daß neben den anderen fünf, mit dem bloßen Auge sichtbaren Wandelsternen, auch der Mond und die Sonne ihren Platz vor dem Hintergrund der Himmelsbühne dauernd ändern.

Dabei sind diese Scheiben erstaunlich klein. Auf Zeichnungen oder auf Theaterbühnen werden Sonne und Mond immer riesig groß dargestellt. Wenn man dagegen die beiden Scheiben am Himmel ins Auge faßt, dann kann man mit Erstaunen feststellen: Der kleine Finger der ausgestreckten Hand verdeckt die Scheiben des Mondes und der Sonne ziemlich genau zweimal. Das muß man selbst einmal ausprobieren, um es zu glauben.

Es ist nun ein ganz besonderer Umstand, daß die Scheiben des Mondes und der Sonne von der Erde aus gesehen fast genau gleich groß sind. Das ist ein echter Zufall, der von den Naturgesetzen her überhaupt nicht begründet ist. Wir wissen heute, daß die Sonne etwa 400mal so groß ist wie der Mond. Der Zufall jedoch will es, daß die Sonne auch ziemlich genau 400mal weiter von der Erde entfernt ist als der Mond. Deshalb erscheinen beide von der Erde aus etwa gleich groß.

Dieser Zufall nun, daß die Scheiben von Sonne und Mond in etwa gleich groß sind, beschert uns Menschen in mehr oder minder regelmäßigen Abständen die großartigen Schauspiele der Mond- und Sonnenfinsternisse. Da wir ja die Scheiben der beiden Gestirne auch mit bloßem Auge erkennen können, haben die Menschen schon seit Urzeiten diese Finsternisse beobachtet. Deshalb gehören sie zu unserem Thema.

Alle alten Kulturen haben in den Wandelsternen Götter und Göttinnen gesehen. So können wir uns heute sehr gut vorstellen, daß jede Verfinsterung dieser göttlichen Him-

Die total verfinsterte Sonne, aufgenommen anläßlich der Sonnenfinsternis vom 14. Februar 1980, 60 Kilometer südlich von Goa, Indien. Die silbrige Sonnenkorona reicht weit über den Sonnenrand hinaus.

melslichter die Menschen in einen großen Schrecken versetzte. Das kann doch nur etwas ganz Schlimmes bedeuten, wenn die Mondgöttin mit ihrer helleuchtenden Vollmondscheibe für ein oder gar zwei Stunden fast völlig erlischt und nur noch gerade als ein kupferrot glimmendes Schild zu erkennen ist. Zwei Stunden später allerdings ist alles wieder beim alten. Nur das Verschwinden der Mondscheibe für kurze Zeit hat die Menschen immer schon sehr nachdenklich gestimmt und sie mit Sorge erfüllt.

Bei den Verfinsterungen der Sonne ist es noch viel schlimmer. Bei dem Tanz der beiden Gestirne um das Himmelsgewölbe kommt es immer wieder vor, daß die Mondscheibe sich vor die Sonne schiebt. Es dauert dann ungefähr ein bis zwei Stunden, bis die Mondscheibe vor der Sonnenscheibe vorbeigeglitten ist. Bei einer Sonnenfinsternis jedoch schiebt sich die Mondscheibe meist oben oder unten über die Sonnenscheibe, wobei eine sichelförmige Figur der Sonne immer noch offen bleibt. Es ist dies eine sogenannte »partielle« Verfinsterung der Sonne, die man normalerweise nicht zu bemerken pflegt. Es wird zwar ein bißchen dunkler – aber dasselbe erleben wir ja auch, wenn sich eine dicke Regenwolke vor die Sonne schiebt. Nur wenn man bei einer partiellen Sonnenfinsternis die Sonne direkt anschaut, kann man erkennen, daß ein Drittel, die Hälfte oder gar zwei Drittel von der Mondscheibe weggeschnitten sind. Das kann der Normalbeobachter eigentlich gar nicht feststellen, da man ja ohne schmerzhafte Blendung sich die Sonnenscheibe nicht knallhart ansehen kann und es normalerweise auch nicht tut. Das ist der Grund, weshalb im Altertum partielle Sonnenfinsternisse vielfach überhaupt nicht bemerkt worden sind.

Nun allerdings gibt es einen ganz dramatischen Ausnahmefall: Es kommt vor, daß sich die Mondscheibe so sauber über die Sonne hinwegschiebt, daß die Sonne für kurze Zeit – etwa eine bis fünf Minuten lang – völlig zugedeckt wird und zwar so, als ob man zwei Münzen mit ordnenden Fingern genau aufeinander legt. Dann verdeckt die manchmal etwas größere Mondscheibe die ganze leuchtende Sonnenscheibe: Für ein paar Minuten wird es Nacht. Selbst

Für uns moderne Menschen sind Verfinsterungen der Sonne und des Mondes zwar seltene, aber überaus spannende und eindrucksvolle Erlebnisse.

am hellichten Tage verlöscht der Sonnenschein, es wird dunkel wie etwa eine halbe Stunde nach Sonnenuntergang, und rings um den Himmel leuchten die helleren Sterne auf. Das ist ein erschütterndes Erlebnis. Etwa zwei bis fünf Minuten später hat die Mondscheibe die Sonnenscheibe wieder soweit überholt, daß am rechten Rande der Sonne die ersten Sonnenstrahlen von der nun wieder freigegebenen Sichel die Erde treffen. Innerhalb von wenigen Sekunden wird es dann wieder so hell, daß die Sterne verschwinden, der Himmel wird wieder blau und klar, und nach einer Stunde ist dieses ganze schrecklich-schöne Ereignis zu Ende.

Nun versetzen Sie sich mal in die Lage eines selbst gebildeten Menschen der alten Kulturen. Was würden Sie dazu sagen, wenn das Licht Ihres Sonnengottes im Verlauf einer Stunde langsam aufgefressen wird, um dann den Tag für einige Minuten zur Nacht werden zu lassen? So etwas ist doch furchtbar und erschreckend, wenn die Ordnung der Götter am Himmel so gestört wird. Wer garantiert denn, daß die licht- und lebenspendende Sonne diese überwältigende Katastrophe überhaupt überlebt? Dieses Problem müssen wir hier besprechen, da die Erscheinung der Sonnenfinsternisse – auch ohne jedes Fernrohr – von Menschen seit je beobachtet werden konnte und erlebt wurde.

Für die alten Völker waren Sonnen- und Mondfinsternisse sehr bedrohliche Erscheinungen – sie hatten Furcht, ob ihnen die beiden großen Himmelslichter weiterscheinen würden.

Von den alten Kulturen der Chaldäer und der Assyrer gibt es für die Verfinsterungen des Mondes und der Sonne eine hinreißende Deutung. So hatten sie beispielsweise schon erkannt, daß Sonnen- und Mondfinsternisse sich nur an zwei Punkten des Himmels ereignen können, die quer durch die Himmelskugel hindurch einander genau gegenüber stehen. So glaubten sie, daß im Himmel ein gewaltiger Drache hause, der mit seiner Länge von Kopf bis Schwanz das Himmelsgewölbe halb umrundete. Da ja Sonne und Mond laufend das Himmelsgewölbe umkreisen, kamen sie demnach an zwei gegenüberliegenden Punkten des Himmels immer in die Gefahr, von der scheußlichen Schnauze des Drachen verschlungen oder von den Schlingen seines Schwanzes erschlagen zu werden. Aber selbst durch die Jahrtausende hindurch ging es immer gut. Wenn der Drache

*Zweimal im Jahr
– alle sechs Monate
– droht der baby-
lonische Drache
Tiamat die Sonne zu
verschlingen oder sie
mit seinem Schwanz
zu erschlagen. Er
muß sie allerdings
immer wieder
freigeben.*

*Schon Aristoteles hat
die Sonnenfinsternisse
richtig gedeutet: Der
Schatten des Mondes
trifft die Erde, und
für den Beschauer
verfinstert sich die
Sonne.*

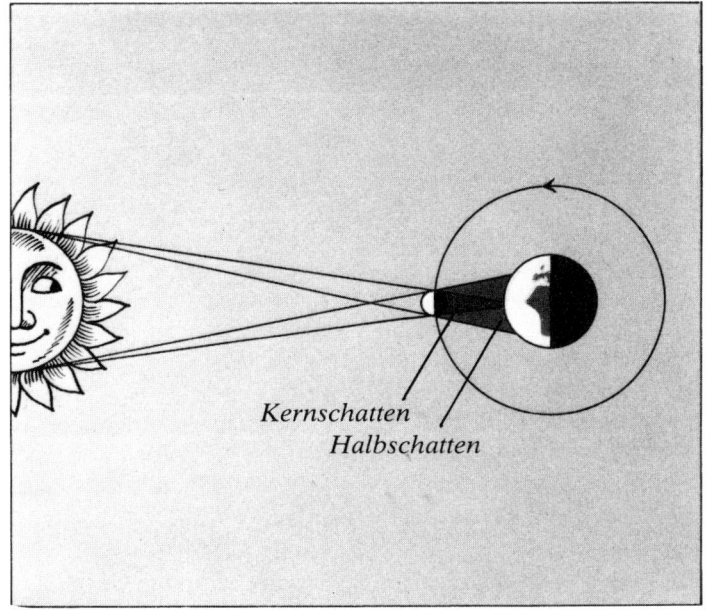

Kernschatten
Halbschatten

Auch dem Monde droht zweimal im Jahr, von dem Rachen und dem Schwanz des Drachen Tiamat erfaßt und verfinstert zu werden.

Der Mond wird teilweise oder auch total verfinstert, wenn ihn seine Bahn um die Erde durch den Kernschatten der Erde hindurchführt.

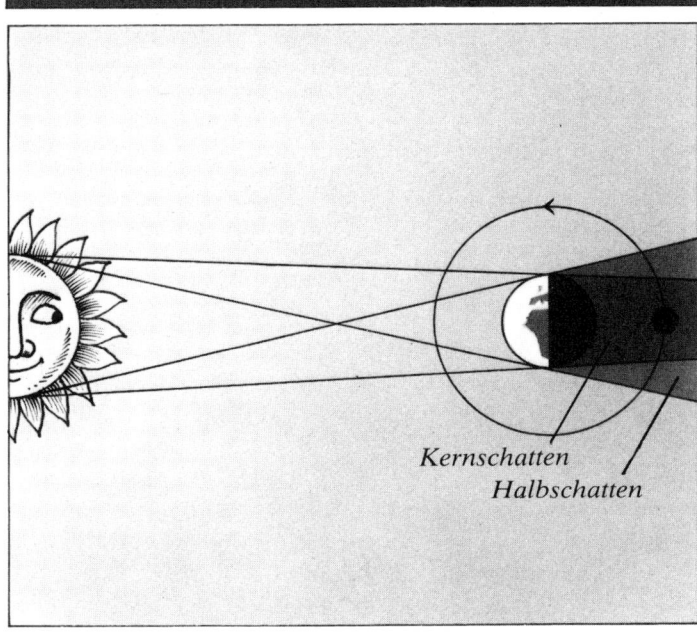

Kernschatten
Halbschatten

dabei war, die Sonne fast zu verschlucken, so war sie ihm zu heiß und er hat sie wieder ausgespuckt. Und der hurtige Mond konnte sich immer noch von den Schlingen seines Schwanzes befreien.

Dieser antike Drache führte den Namen Tiamat. Diese allegorische Figur der alten Völker enthält zwei bedeutende Erkenntnisse. Schon damals wußten unsere Priesterastronomen, daß sich Verfinsterungen der Sonne und des Mondes nur dort ereignen können, wo sich – an zwei gegenüberliegenden Punkten des Himmelsgewölbes – der Kopf oder Schwanz des Drachen befanden. Was aber sind der Drachenschwanz und der Drachenkopf? Um das zu verstehen, müssen wir ein wenig weiter ausholen.

Von der Erde aus gesehen beschreibt die Sonne scheinbar einen Großkreis am Himmel: die »Ekliptik«, das heißt »Linie der Finsternisse«, da sich nur längs dieser Bahn Finsternisse ereignen können.

Zunächst einmal müssen wir die scheinbare Bahn des »Wandelgestirns« Sonne betrachten. Wir wissen heute, daß die Sonne im Mittelpunkt unseres Planetensystems fest verankert ist, während die Erde im Laufe eines Jahres die Sonne umkreist. Wenn wir also während eines ganzen Jahres die Sonne von der Erde aus beobachten, so muß diese – von der Erde aus gesehen – das Himmelsgewölbe einmal während eines Jahres voll umkreisen. Das können wir sofort verstehen, wenn wir uns klar machen, daß sich unsere Blickrichtung von der Erde zur Sonne während eines ganzen Jahres einmal im Kreise drehen muß. Die Sonne beschreibt daher während eines Jahres einen Vollkreis um das ganze Himmelsgewölbe. Dieser Vollkreis ist ein ganz wichtiger Begriff der Astronomie: Er heißt Ekliptik, die scheinbare Sonnenbahn. Es ist nun interessant, daß dieser Großkreis am Himmel alle jene Orte miteinander verbindet, an denen sich Finsternisse der Sonne und des Mondes ereignen. Das griechische Wort »eklipsis« heißt nämlich »Finsternis«, und demnach nennt man die Linie der Finsternisse »Ekliptik«.

Wir brauchen keine weiteren Worte darüber zu verlieren, daß Sonnenfinsternisse sich nur auf der Ekliptik ereignen können, da die Sonne sich ja immer auf der Ekliptik befindet. Aber auch Mondfinsternisse können nur auf der Ekliptik vorkommen. Das kann man sich sofort klar machen, wenn man bedenkt, wodurch eine Mondfinsternis überhaupt zustande kommt. Diese Mondfinsternisse ereignen sich immer dann, wenn der Mond durch den Kernschatten der Erde hindurchläuft. Nun ist andererseits ja die Ekliptik nichts anderes als die Schnittlinie der Erdbahnebene mit dem Himmelsgewölbe. Aus diesem Grunde liegt auch die Achse des Schattenkegels der Erde genau in der Erdbahnebene. Diese Achse zeigt daher in ihrer gedachten Verlängerung stets auf einen Punkt der Ekliptik, der der Sonne präzis gegenüber steht. Diese kosmischen Schattenspiele können sich daher nur dann ereignen, wenn der Mond bei seinem schnellen Lauf um die Erde in seiner Bahn die Ekliptik schneidet. Es ist nämlich keineswegs so, daß die Ebene der Mondbahn um die Erde mit der Ebene der Erdbahn um die Sonne zusammenfiele. Diese beiden Bahnen sind um etwa fünf Grad gegeneinander geneigt. Wenn der Mond nun die Erde jeden Monat einmal umkreist, läuft er also nicht etwa der Ekliptik entlang.

Die Mondbahn ist demnach ein wenig gegenüber der Ekliptik verkippt. Der Winkel ist nicht groß – aber wir haben ja gesehen, daß die Scheiben des Mondes und der Sonne ziemlich klein sind. Wenn der Mond daher als Neumond an der Sonne vorbeizieht und sie überholt, läuft er meist über oder unter der Sonnenscheibe vorbei. Deshalb gibt es nicht etwa bei jedem Neumond eine Sonnenfinsternis. Umgekehrt, wenn der Mond auf der anderen Seite der Erde stehend die Vollmondphase erreicht, dann läuft er meist oberhalb oder unterhalb des Erdschattens vorbei und wird nicht verfinstert.

Nicht zu jedem Neumond ereignet sich eine Sonnenfinsternis, und nicht zu jedem Vollmond gibt es eine Mondfinsternis; dazu müssen die Gestirne in einem der beiden Mondknoten stehen.

Wenn wir freilich zwei Kreise am Himmel – wie etwa die Ekliptik und die Mondbahn – etwas gegeneinander verkippen, dann gibt es geometrisch zwei Schnittpunkte, die einander genau gegenüberstehen. Diese Schnittpunkte sind die berühmten Mondknoten. Die Hälfte seines Weges um die Erde befindet sich der Mond südlich der Ekliptik, um sie dann in nördlicher Richtung zu kreuzen. Das ist der »aufsteigende« Knoten. Die zweite Hälfte seines Weges befindet sich der Mond dann nördlich der Ekliptik, um diese im »absteigenden« Knoten wiederum zu schneiden.

Nun haben die alten Völker schon erkannt, daß Finsternisse sich nur dann ereignen können, wenn der Mond als

Der verzwickte Rhythmus der Sonnen- und Mondfinsternisse erklärt sich aus der kosmischen Geometrie der Bahnen der Erde und des Mondes.

Neumond oder als Vollmond gleichzeitig auch in einem seiner Knoten steht. Aus diesem Grunde heißen diese berühmten Mondknoten schon seit 4000 Jahren »Drachenkopf« und »Drachenschwanz«; der aufsteigende Knoten ist der Kopf, der absteigende Knoten ist der Schwanz. Selbst heute noch werden in den mathematischen Gleichungen für die Positionen dieser Knoten am Himmel eigene Zeichen verwandt, welche den Drachenkopf und den Drachenschwanz darstellen. Sie sehen so aus: ☊ aufsteigender Knoten; ☋ absteigender Knoten. So geistert der Drache Tiamat heute noch durch die mathematischen Gleichungen unserer Astronomen.

Nun können wir schon sehen, daß die Positionen der Mondknoten federführend dafür sind, ob sich eine Sonnen- oder Mondfinsternis ereignen können. Da die Mondknoten in der Ekliptik einander genau gegenüberliegen, müssen Finsternisse während eines Jahres etwa sechs Monate auseinanderliegen. Wenn wir also im März eine Sonnenfinsternis gehabt haben, dann müssen wir mindestens bis September warten, weil es nämlich solange dauert, bis die Sonne zum nächsten Mondknoten hinübergelaufen ist. Dabei gibt es noch für Sonnen- oder Mondfinsternisse einen ganz bedeutenden Unterschied. Bei einer Mondfinsternis läuft der Mond durch den Kernschatten der Erde; der Mond wird echt verfinstert, und gleichgültig, wo man sich auf der Erde befindet, kann man das sehen. Freilich muß der Mond während seiner Verfinsterung über dem Horizont stehen. Wenn man also eine Mondfinsternis hat, dann kann man sie von allen Orten der Erde aus beobachten, bei denen es gerade Nacht ist. Gleichgültig, wo man sich auf der Erde befindet: Das Schauspiel ist immer dasselbe. Nun ist der Lauf des Mondes so beschaffen, daß der Zufall es oft will, daß er mehr als ein Jahr lang zum Zeitpunkt der Vollmondphase nicht auch gleichzeitig durch einen Knoten läuft. So kommt es, daß es Jahre gibt, in denen sich überhaupt keine Mondfinsternis ereignet. Da hat der Drache Tiamat eben Pech gehabt und den Mond weder mit seiner Schnauze noch mit seinem Schwanz erwischt, als dieser sich durch einen Knoten schlich.

Es ist eigentlich erstaunlich, daß die amerikanische Weltraumbehörde NASA nicht eine ihrer Mondlandungen mit einer totalen Mondfinsternis koordiniert hat. Das wäre für unsere Astronauten bestimmt ein ungeheures Erlebnis gewesen. Vom Monde aus gesehen erscheint die Erde fast viermal so groß als Scheibe am Himmel wie die Sonne. Wenn sich dann die Erde vor die Sonne schiebt, dann kann sie die viel kleinere Sonnenscheibe fast vier Stunden lang völlig verdecken. Während dieser Zeit ist die Sonne verschwunden. Allerdings scheinen die Sonnenstrahlen um die ganze Erde herum noch durch die Erdatmosphäre hindurch. Die Lufthülle der Erde wirkt dann nämlich den Sonnenstrahlen gegenüber wie eine riesige Sammellinse und läßt die Erde wie in einem vereinten Morgen- und Abendrot umkränzt erscheinen. Eine totale Mondfinsternis auf dem Monde nämlich ist ja dort eine Sonnenfinsternis. Der schwachrötliche Schein der Sonnenstrahlen erzeugt dann eine ganz geisterhafte rötliche Beleuchtung des an sich total verfinsterten Mondes. Es muß dies eines der eindrucksvollsten Himmelsschauspiele sein, die es in unserem Sonnensystem überhaupt gibt. Es ist schade, daß unsere Mondfahrer das nicht einmal erleben konnten. Es wäre dann allerdings vielleicht zu kalt geworden.

Das von der Erdatmosphäre gebrochene Sonnenlicht kann man während einer totalen Mondfinsternis auch von der Erde aus beobachten. Hätte nämlich unsere Erde keine Atmosphäre, so würde ihr Kernschatten völlig lichtlos sein. Da der Mond ja selbst nicht leuchtet, müßte er im Schatten der Erde völlig unsichtbar werden. Die von der Erdatmosphäre gebrochenen Sonnenstrahlen jedoch beleuchten ihn gerade noch sichtbar mit einem ganz schwachen, kupferroten Licht.

Die Erscheinung einer Mondfinsternis ist demnach von dem Standort auf der Erde, von dem aus man sie beobachtet, völlig unabhängig. Es ist ein objektives Ereignis, das jeder Beobachter auf der Nachtseite der Erde sieht und in genau der gleichen Weise erlebt. Wie schon gesagt, bei einer Sonnenfinsternis ist das ganz anders, und aus diesem Grunde sind auch Sonnenfinsternisse viel variantenreicher

Auch der total verfinsterte Mond versackt nicht völlig im Erdschatten: Die Erdatmosphäre mit ihrer Linsenwirkung beleuchtet ihn noch mit einem kupferroten Licht.

Im Vergleich zum Abstand des Mondes von der Erde ist die Sonne 400mal weiter weg. Daher ist der Kernschatten des Mondes eine lange spitze Nadel, die gerade bis zur Erde herüberreichen und im Kernschattenfleck eine totale Sonnenfinsternis erzeugen kann.

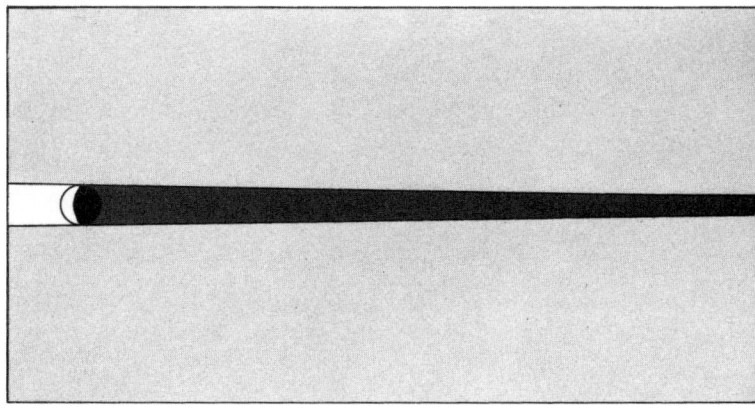

und viel interessanter als Mondfinsternisse. Hinzu kommt die überaus seltene Dramatik einer totalen Sonnenfinsternis. Um das zu durchschauen, müssen wir uns den Schattenwurf des Mondes auf die Erdkugel ansehen.

Relativ zur Erde ist der Mond ziemlich klein – fast viermal kleiner. Aus diesem Grunde ist auch sein Schatten, insbesondere sein Kernschatten, sehr viel kürzer, ja, es ist sogar so, daß die Spitze des Kernschattens des Mondes gelegentlich nur knapp über die fast 400 000 Kilometer seiner Entfernung von der Erde aus herüberreichen kann.

Das muß man sich einmal hinmalen. Ein kugeliger Körper wie der Mond, der von der kugeligen Sonne beschienen wird, wirft einen Schatten. Es gibt zwei verschiedene Schatten, die man optisch unterscheiden muß. In der Mitte haben wir einen sogenannten Kernschatten, der dadurch entsteht, daß man die äußeren Kanten der Sonnenscheibe mit den äußeren Kanten der Mondscheibe mit Linien verbindet. Dadurch entsteht ein langer spitzer Kegel, in dessen Bereich die Sonnenscheibe von der Mondscheibe völlig bedeckt ist. Dieser Kernschatten läuft spitz zu und hat schließlich ein Ende. Nur wenn man sich innerhalb des Kernschattens befindet, deckt die Mondscheibe optisch gesehen die ganze Sonnenscheibe zu.

Wenn man sich nun rechts oder links oder oben und unten aus dem Kernschattenbereich herausbewegt, dann befindet

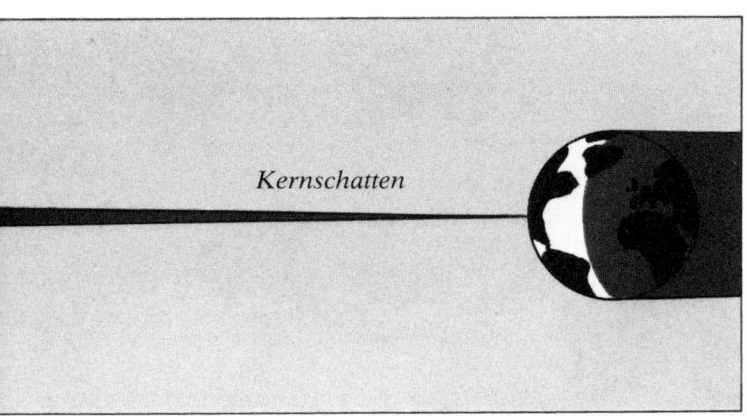

Kernschatten

man sich in dem sogenannten Halbschatten des Mondes. Der Halbschatten verbreitet sich, je weiter man vom Monde wegrückt. Das faszinierende Schauspiel unserer Sonnenfinsternisse beruht nun auf der Geometrie dieses Schattenwurfes, die der Mond bei einer Sonnenfinsternis auf unserer Erde erzeugt. Der Mond ist so klein und ist so nahe an der Erde, daß selbst sein Halbschatten nur knapp ein Drittel des Durchmessers der Erde umfaßt. Wenn also eine Sonnenfinsternis stattfindet, so kann ein Bewohner von Grönland oder von Neuseeland diese überhaupt nicht bemerken, wenn die Sonnenfinsternis in Äquatornähe stattfindet. Bei seinem Umlauf um die Sonne nämlich schleppt der Mond bei einer Sonnenfinsternis in Äquatornähe seinen Schatten so über die Erde hinweg, daß ein Beobachter von Grönland oder von Südafrika noch nicht einmal von dem Halbschatten des Mondes angefaßt wird.

Reist der Grönländer jedoch nach Rom oder der Südafrikaner nach Madagaskar, dann befindet er sich während der Sonnenfinsternis im Bereich des Halbschattens des Mondes. Dann kann der Grönländer in Rom beobachten, wie die Mondscheibe den südlichen Teil der Sonnenscheibe überquert und sie zum Teil verfinstert. Der Südafrikaner in Madagaskar dahingegen kann eine partielle Sonnenfinsternis erleben, wobei für ihn der nördliche Teil der Sonnenscheibe zum Teil verfinstert wird. Der Knüller natürlich ist

Will man eine totale Sonnenfinsternis erleben, so muß man sich seinen Beobachtungsort auf wenigstens 50 Kilometer genau festlegen.

**Wer eine totale
Sonnenfinsternis
erleben will, muß
reisen; bleibt er zu
Hause, müßte er im
Schnitt über 300
Jahre darauf warten.**

es, wenn man in jenen schmalen Streifen reist, der von dem Kernschatten des Mondes überstrichen wird. Nur dort nämlich kann man eine totale Sonnenfinsternis erleben.

Der Trick der totalen Sonnenfinsternisse besteht nun darin, daß der Kernschatten des Mondes eine so lange spitze Nadel ist. Maßstäblich ist sie dünner als eine Stricknadel. Wenn der Kernschatten des Mondes über die Erde fährt, dann schneidet die Erdoberfläche einen sehr kleinen kreisförmigen oder meist elliptischen Fleck aus ihr heraus, dessen Durchmesser meist nur 100 Kilometer und maximal nur 360 Kilometer groß ist. Dieser Schattenfleck nun rast in etwa fünf Stunden quer über die Erde hinweg, da der Mond ja die Erde mit einer Geschwindigkeit von 3600 Kilometer pro Stunde umkreist. Nur solche glücklichen Bewohner unseres Planeten erleben eine totale Sonnenfinsternis, die sich zufällig während dieses Tages längs dieser schmalen Kernschattenspur des Mondes aufhalten.

Nun ist die Erde ja ziemlich groß. Andererseits ereignen sich in jedem Jahrhundert im Schnitt etwa 80 totale Sonnenfinsternisse. Jede von ihnen malt dann eine ganz schmale Schattenspur von Westen nach Osten quer über die Erde. Die Position der Sonne und des Mondes am Himmel sorgen dafür, daß diese gut 80 totalen Sonnenfinsternisse pro Jahrhundert sich nach einem gewissen Rhythmus über die ganze Erde vom Nordpol bis zum Südpol verteilen. Es dauert daher ziemlich lange Zeit, bis ein bestimmter Ort auf der Erde vom Kernschatten des Mondes überstrichen wird. Wenn man daher seinen Heimatort nie verläßt, dann muß man im Schnitt 360 Jahre warten, bis man vor Ort eine totale Sonnenfinsternis erleben kann. Der Zufall der kosmischen Schattenspiele am Himmel hat es bewirkt, daß Deutschland seit mehr als 200 Jahren keine totale Sonnenfinsternis erlebt hat. Erst Ende des Jahrhunderts wird der Kernschatten des Mondes Deutschland wieder einmal besuchen.

Umgekehrt sind nicht nur die Astronomen, sondern auch die Sternfreunde daran interessiert, einmal eine totale Sonnenfinsternis zu erleben. Wenn man das während seiner Lebensdauer unterbringen will, so muß man allerdings Reisen unternehmen – und zwar oft in recht entlegene

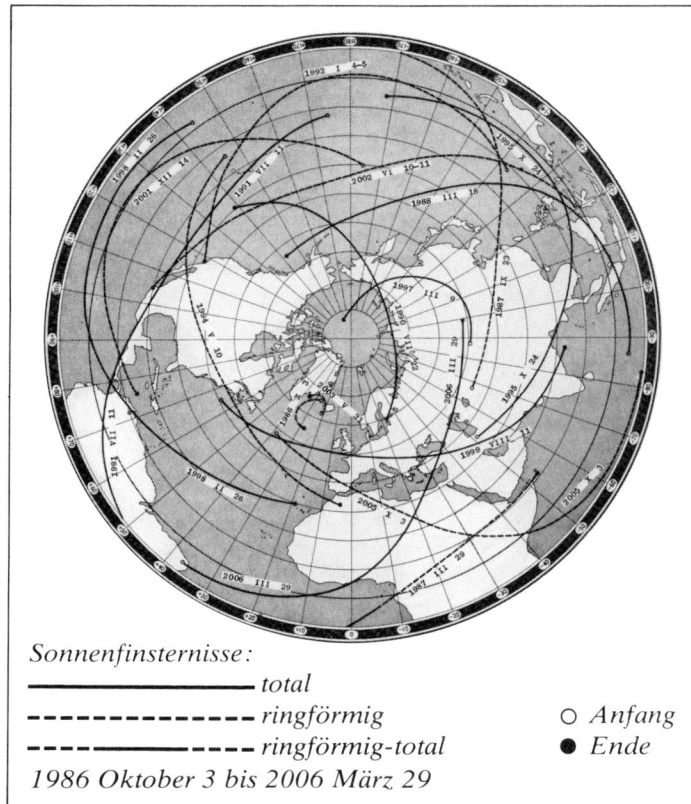

Zwischen 1986 Oktober 3 und 2006 März 29 ereignen sich eine Reihe von totalen, ringförmigen und ringförmig-totalen Sonnenfinsternissen, die nur längs schmaler Streifen zu beobachten sind. Darunter befindet sich auch die in Süddeutschland sichtbare Finsternis vom 11. August 1999.

Sonnenfinsternisse:

———————————— *total*

- - - - - - - - - - - - - - *ringförmig*   ○ *Anfang*

- - - —————— - - - - *ringförmig-total*   ● *Ende*

1986 Oktober 3 bis 2006 März 29

Gebiete unseres Planeten. Der Kernschatten des Mondes nämlich ist sehr unparteiisch und verteilt seine Besuche ohne jede Rücksicht auf die großen Bevölkerungszentren unserer Erde.

Wir als Autoren dieses Buches haben uns die Mühe gemacht. Wir reisten am 15. Februar 1961 nach Pisa; wir reisten am 7. März 1970 nach Tehuantepec im südlichen Mexiko, am 30. Juni 1973 zu den Kapverdischen Inseln vor der Westküste Afrikas und am 14. Februar 1980 nach Goa in Indien, um uns viermal von dem Kernschatten des Mondes überstreichen zu lassen. Schon knapp 100 Kilometer nördlich oder südlich dieser Orte wären wir außerhalb der Kernschattenspur des Mondes gewesen, und wir hätten keine totale Verfinsterung der Sonne erlebt. Hinzu kommt, daß wir bei allen drei Ereignissen mit dem Wetter großes Glück gehabt haben. Jedesmal nämlich wäre es eine ungeheure Enttäuschung gewesen, wenn zur Zeit der Verfinsterung der Sonne – die ja nur wenige Minuten dauert – uns etwa nur eine Wolke die Sicht auf dieses gigantische Himmelsschauspiel versperrt hätte.

Ein österreichischer Dichter des 19. Jahrhunderts wird durch eine Sonnenfinsternis in Wien zu einem nachdenklichen Essay veranlaßt.

Der Novellist Adalbert Stifter hat eine totale Sonnenfinsternis erlebt und sie in einem Essay beschrieben. Das ist ihm so meisterhaft geglückt, daß man sein Erlebnis nicht besser beschreiben kann. Die Spannung vor einer totalen Sonnenfinsternis ist nur schwer zu schildern.

Man erlebt, wie die Scheibe des Mondes sich vor die Scheibe der Sonne schiebt. Die Sichel der leuchtenden Sonnenscheibe, die der Mond noch nicht ganz verdeckt, wird immer schmäler. Da ja die Mond- und die Sonnenscheibe fast gleich groß sind, wird die Sichel der noch freibleibenden Sonnenscheibe so dünn wie ein Messer. Während der letzten zwei Minuten vor der totalen Verfinsterung sieht man dann den Kernschatten des Mondes durch die Atmosphäre immer drohender auf einen zukommen. Mittlerweile ist es schon so dunkel geworden, daß man die Lichter anschalten möchte. Kurz vor der totalen Verfinsterung bekommt man einen unheimlichen Druck auf der Brust, weil unser uraltes Gefühl uns glauben macht, daß nunmehr die Welt untergehen müsse. Langsam hüllt sich die Welt in einen immer mehr drohenden dunkel-violetten Schatten. Kurz bevor dann die Mondscheibe unsere Sonne völlig wegfrißt, hängt man noch an den letzten Fetzen der immer dünner werdenden Sonnensichel. Mittlerweile hat der heranrasende drohende Mondschatten die Landschaft schon so verdunkelt, daß die hellsten Sterne am Himmel sichtbar werden. Dann fährt der gezackte Mondrand innerhalb von zehn Sekunden über den genau kreisförmigen Rand der Sonnenscheibe. Noch blitzt das gleißende Sonnenlicht durch die Mondtäler hindurch, und die grellen Lichtpunkte bilden an dem verschwindenden Sonnenrand einen Kranz von Perlen, und dann – dann ist die Sonne weg. Es wird nachtdunkel, und die Sterne, die am Tage ja nur vom Glanz der Sonne überstrahlt werden, tauchen am ganzen Himmel auf. Nur am Horizont haben wir rundum noch einen rötlichen Kranz, wo jene Gebiete der Erde, die nicht vom Kernschatten des Mondes bedeckt werden, noch Reste des Sonnenlichtes in die Atmosphäre strahlen.

Dann allerdings kann man jene Himmelserscheinung sehen, die auf den Beschauer einen ungeheuren Eindruck ausübt. Vor dem fast nächtlich-dunkelblauen Himmel sehen wir dann eine pechschwarze runde Scheibe. Es ist dies die unbeleuchtete Seite des Mondes, die uns dann genau zugekehrt ist. Rings um diese kreisförmige Blende des Mondes jedoch erscheint dann die ganz schwache, weit ausgedehnte Atmosphäre der Sonne, die sogenannte Sonnencorona – ihre Krone. Sie ist ein silberweißer gefaserter Rand, der über die bedeckende Mondscheibe bis zu dessen doppeltem Durchmesser hinweg zauberhaft am Himmel auftaucht.

Seit Jahrtausenden von den Menschen gefürchtet, ist heute eine totale Sonnenfinsternis das überwältigendste Naturschauspiel.

Die Sonnencorona ist viele tausendmal lichtschwächer als die Strahlung der Sonnenscheibe selbst. Deswegen kann man sie normalerweise am Tage überhaupt nicht sehen, da die Flut des Sonnenlichtes unsere Atmosphäre dauernd so stark beleuchtet, daß dieses zarte Licht der Sonnencorona hoffnungslos überstrahlt wird. Nur wenn die schöne Blende der Mondscheibe mit ihrem Kernschatten die Atmosphäre abdunkelt, wird diese bildschöne Sonnencorona sichtbar.

Dicht um die Mondkante herum zeigt die Sonne dann einen ganz schmalen blutroten Saum. Es ist dies die innere Sonnenatmosphäre. Gelegentlich schießen aus ihr weit ausgedehnte Flammen von leuchtendem Wasserstoffgas heraus, die man »Protuberanzen« nennt. Mit besonderen optischen Tricks kann man diese Sonnenprotuberanzen heute jederzeit photographieren. Entdeckt wurden sie allerdings erst durch den französischen Astronomen Janssen und durch den englischen Astronomen Lockyer anläßlich totaler Sonnenfinsternisse im letzten Jahrhundert. Aus jener Zeit stammt die Faszination der Astronomen für diese kostbaren Minuten zur Beobachtung der total verfinsterten Sonne.

Der überaus große Reiz einer totalen Sonnenfinsternis: so ergreifend schön und doch nur so kurz.

Während der Totalitätsphase, die nur ein paar Minuten dauert, weiß man gar nicht, wo man hinschauen soll. Soll man sich den am Tage plötzlich sichtbar gewordenen Sternenhimmel angucken mit den hellsten Fixsternen und mit den Planeten Merkur und Venus? Oder soll man die dunkel-violette Dämmerung des Rundhorizonts betrachten? Immer jedoch wieder muß man sich diesen völlig schwarzen runden Klecks am Himmel ansehen, umgeben von der silbrig-weißen, zauberhaften Krone, die unsere Sonne trägt.

»Oh Augenblick, verweile doch, du bist so schön!« Aber nur wenige Minuten dauert es, und am westlichen Mondrand beginnt es, heller zu werden. Und dann kommt ein Augenblick, der wirklich überwältigend ist: Mit seinem rastlosen Laufe gibt der Mond die Sonnenscheibe dann an seinem westlichen Rand wieder frei. Für wenige Sekunden sehen wir wieder eine Perlenschnur von blendenden Sonnenstrahlen, welche durch die Mondtäler hindurchblitzen. Unsere Augen haben sich während der paar Minuten der Totalität auf Nachtbeleuchtung eingestellt, so daß uns die ersten grellen Sonnenstrahlen schmerzhaft blenden, und dann – innerhalb von knapp fünf bis zehn Sekunden – läuft das gleißende Sonnenlicht um die Mondkante herum, geradeso als ob man glühendes Metall aus einem Hochofen über den Mondrand göße. Die bildschöne Sonnencorona schmilzt weg. Das Blau des Himmels erhellt sich so schnell, daß auch nach einer Minute alle Sterne, die man nun am Tage hat sehen können, wieder unsichtbar werden. Das Tageslicht hat uns wieder. Der Mondschatten rast weiter nach Osten, und binnen kurzem findet dieses grandiose Schauspiel sein Ende.

Für jeden, der jemals eine totale Sonnenfinsternis bei klarem Himmel erlebt hat, wird es absolut unvergeßlich bleiben. Zugleich können wir verstehen, daß so etwas für die alten Völker nicht ganz so schön war. Für sie mußte ja eine totale Sonnenfinsternis eine Riesenkatastrophe an ihrem Himmel bedeuten. Nur wir modernen Menschen haben das Glück, daß wir den Ablauf dieses großartigen Himmelsschauspiels begreifen und daß wir es ohne Angst genießen

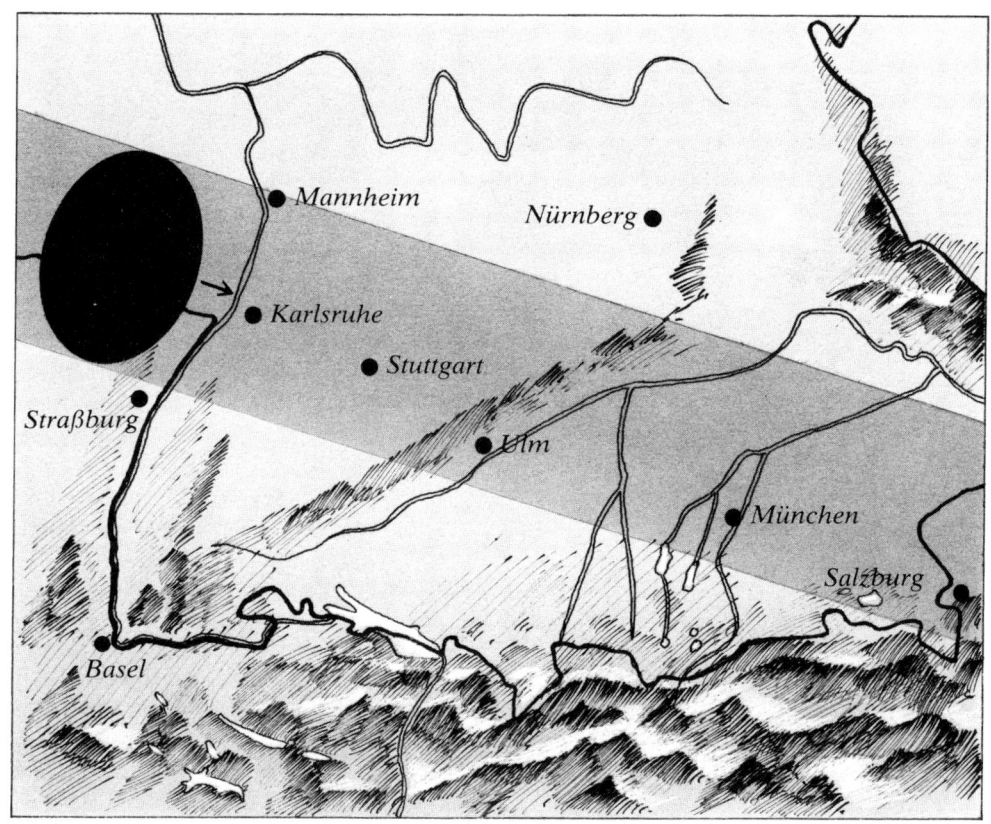

können. Obwohl wir das alles wissen, fühlt ein jeder Zeuge einer totalen Sonnenfinsternis einen gewaltigen Druck auf der Brust, und er kann sich dem Gefühl eines drohenden Weltuntergangs nicht entziehen.

Nun gibt es noch eine Besonderheit bei totalen Sonnenfinsternissen, die hier besprochen werden muß. Damit, von der Erde aus gesehen, die Sonnenscheibe auch nur für ein paar Minuten völlig zugedeckt werden kann, muß die Mondscheibe ein klein wenig größer sein als die Sonnenscheibe. Das ist nun nicht immer der Fall, selbst wenn der Mond bei einer Sonnenfinsternis genau zentral die Sonnenscheibe überquert. Wäre die Mondscheibe zu diesem

Weg des Kernschattens des Mondes bei der totalen Sonnenfinsternis vom 11. August 1999. Der Kernschattenfleck ist durch die Erdkrümmung perspektivisch zu einer Ellipse verzerrt.

Zeitpunkt auch nur ein wenig kleiner, so könnte er selbst in der zentralen Stellung – wenn der Mittelpunkt der Mondscheibe und der Mittelpunkt der Sonnenscheibe genau zusammenfallen – die Sonne nicht voll verfinstern. Ein ganz dünner kreisförmiger Ring der leuchtenden Sonnenscheibe bliebe dann noch offen. Das ist ziemlich fatal; denn auch nur ein kleiner Rest der offengebliebenen Sonnenscheibe läßt den Tag nicht zur Nacht werden; die Sterne tauchen nicht auf und auch die Sonnencorona wird nicht sichtbar. Der übergebliebene Ring der Sonnenscheibe beleuchtet die Atmosphäre der Erde noch so stark, so daß die wirklich eindrucksvollen Erscheinungen einer totalen Sonnenfinsternis leider nicht stattfinden. Diese »ringförmigen« Sonnenfinsternisse sind nur eine Abart von partiellen Sonnenfinsternissen – ohne jede Dramatik.

Das verwöhnte Reisepublikum von heute kennt schon alles; neue Attraktionen für Kreuzfahrten und Charterflüge: totale Sonnenfinsternisse.

Jede totale Sonnenfinsternis ist ein überaus eindrucksvolles Naturschauspiel. Das hat sich nicht nur unter den Sternfreunden herumgesprochen, sondern auch unter Touristen, die schon alles auf der Welt gesehen haben – vielleicht nur noch keine totale Sonnenfinsternis. Aus diesem Grunde werden alle ein bis zwei Jahre Kreuzfahrten eingerichtet, bei denen Touristen aus der ganzen Welt sich an den Orten zusammenfinden, die an einem bestimmten Tage und zu einer bestimmten Stunde vom Kernschatten des Mondes überstrichen werden. Schon seit mehr als 20 Jahren sind daher an dem Stichtage die Orte in der Kernschattenbahn von Hunderttausenden von Touristen übervölkert. In der Nacht vor einer Finsternis ist selbst in weiterem Umkreis um die Kernschattenbahn herum kein Hotelbett mehr zu haben.

Nun, nicht jeder kann sich eine Reise nach Afrika, Indien, Sumatra oder Peru leisten, nur um die total verfinsterte Sonne ein paar Minuten zu erleben. Wann also ist der Mondschatten geneigt, nach mehr als 200 Jahren auch wieder einmal die Bundesrepublik zu besuchen? Das wird am 11. August 1999 gegen 10.30 Uhr der Fall sein. Allerdings ist es keine große Finsternis, da zum Zeitpunkt des Treffs zwischen Mond und Sonne der Mond ziemlich weit von der Erde entfernt ist. Seine Scheibe ist daher nur um ein Weniges größer als die Sonnenscheibe. Der Durchmesser des Kernschattenflecks auf der Erdoberfläche beträgt dabei nur knapp 100 Kilometer. Die Zentrallinie läuft dann längs der Linie Karlsruhe, Stuttgart, Ulm, Augsburg, München und Salzburg. Die Bewohner von Mannheim und Freiburg im Breisgau sehen daher die Sonne nicht total verfinstert. Ihnen kann man nur raten, sich dann in ihr Auto zu setzen und für die kritischen paar Minuten die 60 Kilometer von Mannheim oder von Freiburg aus nach Karlsruhe zu fahren. Dasselbe gilt für die Bewohner von Pforzheim und Tübingen, von Nürnberg und Friedrichshafen, von Regensburg und Garmisch-Partenkirchen, die dann nach Ulm oder München reisen sollten.

Hoffentlich herrscht am 11. August 1999 in den Vormittagsstunden in Süddeutschland gutes Wetter. Das wäre für Millionen eine riesige Enttäuschung, wenn sich diese Sonnenfinsternis hinter einem dichten Wolkenvorhang verbergen würde. Dann würden alle nämlich nur erleben, daß es für etwa zwei Minuten nachtdunkel wird.

Diese kosmischen Schattenspiele, insbesondere die totalen Sonnenfinsternisse, sind unerhört kostbar. Sie sind überwältigend schön und für jeden beliebigen Ort auf der Erde sehr selten. Nur ganz wenige Menschen, die sich zufällig bei klarem Himmel im Kernschatten des Mondes befanden oder unter großen Mühen dort hinreisten, haben so etwas jemals gesehen.

Die nächste totale Sonnenfinsternis in Deutschland ist eine Reise wert; im Kalender anmerken: der 11. August 1999 in Süddeutschland!

Der Tierkreis

Im vorangegangenen Kapitel, als wir die Geschichte der Finsternisse erläuterten, haben wir von der »Ekliptik« gesprochen, der kreisförmigen Linie der Finsternisse. Wenn man sich für den Sternenhimmel interessiert, dann ist es durchaus möglich, sich anhand von Sternkarten am Himmel zu orientieren. Wenn man jedoch die Bewegungen der Wandelsterne und den Wechsel der Jahreszeiten verstehen will, dann muß man sich mit dem Begriff der »Ekliptik« völlig vertraut machen.

Nun gibt es ja bei der Betrachtung des Himmels immer zwei Standpunkte. Für jeden Sternfreund ist das recht wichtig. Man muß dabei ein wenig Phantasie aufbringen und unser räumliches Vorstellungsvermögen, das wir ja alle haben, bemühen. Zum ersten können wir uns vornehmen, uns den Sternenhimmel von der Erde aus zu betrachten. Dabei ist es überhaupt nicht gleichgültig, ob wir in Hamburg oder in der australischen Stadt Sydney sind. Darüber haben wir im ersten Kapitel ja schon geredet. Sodann können wir uns im Geiste weit von der Erde entfernen und uns anschauen, wie das Planetensystem mit der Sonne in der Mitte im Raume schwebt, umgeben von dem gewaltigen kugeligen Hintergrund des Universums. Dabei müssen wir uns freilich darüber im klaren sein, daß unsere Erde eine ganze Reihe von Bewegungen ausführt, welche uns innewerden lassen, daß wir den irdischen Sternenhimmel von einem Karussell aus beobachten, das laufend ineinandergeschachtelte Kreiselbewegungen ausführt wie auf einem Jahrmarkt. Die Schwierigkeit nun besteht darin, diese ineinandergreifenden Bewegungen unserer Erde – die wir von außen her betrachten – in Einklang zu bringen mit dem Anblick des Sternenhimmels und mit dem Lauf der Wandelsterne, so wie sie uns von der Erde aus erscheinen.

Es ist nun gar nicht so einfach, diese beiden Ansichten der astronomischen Vorgänge miteinander zu verknüpfen. Das ist auch der Grund, weshalb die Menschheit sich schon seit Tausenden von Jahren mit der Deutung der Himmelserscheinungen in den Haaren gelegen hat. Der weltgeschichtliche Prozeß zwischen Galileo Galilei und der Kirche drehte sich just um dieses Problem. Im folgenden nun wollen wir

Von der Erde aus gesehen beschreibt die Sonne einen scheinbaren Kreis um den Himmel: den Tierkreis, der in zwölf Sternbilder unterteilt ist. Die einzelnen Tierkreissternbilder sind hier mit ihren alten Symbolen gekennzeichnet. Sie bedeuten:
♈ *Widder,*
♉ *Stier,*
♊ *Zwillinge,*
♋ *Krebs,*
♌ *Löwe,*
♍ *Jungfrau,*
♎ *Waage,*
♏ *Skorpion,*
♐ *Schütze,*
♑ *Steinbock,*
♒ *Wassermann,*
♓ *Fische.*

die Mechanik des Himmels beschreiben, wobei wir ganz scharf unterscheiden müssen zwischen diesen beiden Aspekten. Wenn wir uns ein paar Millionen Kilometer über das Planetensystem erheben und von diesem überlegenen Standpunkt aus diesen ganzen Zirkus betrachten, so wollen wir das den »ersten Aspekt« nennen. Sowie wir uns dann etwa nach Hamburg begeben und von dort aus den Sternenhimmel betrachten, so soll das der »zweite Aspekt« sein.

Die geometrische Lage im Weltraum hat unser Planet bereits bei seiner Entstehung vor 4 Milliarden Jahren mitbekommen.

Obwohl wir den Begriff der Ekliptik zuvor schon ein paarmal erläutert haben, wollen wir ihn unter dem »ersten Aspekt« noch einmal anschauen. Wir befinden uns weit im Weltall und beobachten, wie die Erde mit ihrer fast kreisförmigen Bahn die Sonne umkreist. Jetzt wollen wir einmal den Mittelpunkt der Erde mit dem Mittelpunkt der Sonne verbinden und diese Linie wollen wir so weit über die Sonne hinaus verlängern, daß sie das Himmelsgewölbe, an dem die Fixsterne angeheftet sind, anfaßt. Dort befestigen wir eine scharfe Spitze. Wenn jetzt die Erde die Sonne umkreist, dann kratzt diese Spitze im Verlauf eines Jahres eine feine Linie in das Himmelsgewölbe hinein, die sich genau schließt. Diese feine Linie ist dann die Ekliptik. Von der Erde aus gesehen, bewegt sich die Sonne dann scheinbar im Verlauf eines Jahres längs dieser Bahn.

Die Position dieser Ekliptik längs der Fixsternkugel hat sich seit der Geburt der Erde vor vier Milliarden Jahren praktisch nicht geändert. Als die Erde nämlich entstand, wurde ihr von den Kräften der Natur eine Ebene ihrer Bahn per Zufall angewiesen. Da die Erde die Sonne umkreist, ist sie zugleich auch ein Kreisel, der nach den Gesetzen der Physik die Ebene, in der er kreiselt, nicht ändert. Gewiß – während dieser vier Milliarden Jahre haben sich die Fixsterne am Hintergrund des Himmels durch ihre Eigenbewegungen örtlich verschoben; relativ zum Rest des Universums jedoch hat sich die Ebene der Erdbahn praktisch nicht geändert. Zumindest während der letzten 500 000 Jahre, seit Menschen mit Bewußtsein den Sternenhimmel anschauen, ist der Hintergrund des Sternenhimmels, durch den wir die Ekliptik geritzt haben, so ziemlich derselbe geblieben.

Als bei der Bildung des Sonnensystems außer der Erde noch ihre Geschwisterplaneten und deren Monde entstanden, so wurde auch ihnen in etwa die gleiche Ebene für ihre Bahnen zugewiesen. Gewiß, einige dieser Himmelskörper erheben sich mit ihren Bahnen oder unterschreiten damit die mathematische Genauigkeit der Ekliptikebene. Die Abweichungen freilich sind durch die Bank hindurch sehr klein. Bei der Bahn unseres Mondes zum Beispiel – wie wir gesehen haben – beträgt diese Abweichung nur knapp mehr als fünf Grad. Der ganze Zirkus des Planetensystems einschließlich fast aller seiner Monde ist daher so flach wie ein Pfannkuchen. Man kann alle Bahnen der Planeten und der Monde mit nur geringfügigen Abweichungen auf der Fläche eines großen Tisches unterbringen.

Das ist auch der Grund, daß alle Wandelsterne von der Erde aus gesehen immerzu in der Nähe der Ekliptik erscheinen. Wenn wir jetzt zum »zweiten Aspekt« übergehen und uns auf die Erde begeben und in das Universum schauen, dann läuft unsere Blickrichtung immer streifend an der Tischkante entlang. Es muß also für unsere Wandelsterne eine Hauptverkehrsstraße am Himmel geben, von der sie nicht abweichen können, jedenfalls von der Erde aus beobachtet. Es ist dies ein recht schmales Band, das den ganzen Himmel umschlingt und dessen Mittellinie unsere Ekliptik ist, die wir in den Hintergrund des Sternenhimmels hineingeritzt haben.

Das ist so unerhört auffallend, daß unsere Vorfahren das schon seit Jahrtausenden bemerkt haben. So kann beispielsweise der Mond niemals im Sternbild des Großen Wagen stehen; auch können wir den Jupiter oder die Venus niemals vor dem Sternbild des Orions sehen. Nein, das Ekliptikband ist so schmal, daß längs seiner Umschlingung nur ganz bestimmte Sternbilder hineinpassen. Es ist natürlich kein Zufall, daß es insgesamt zwölf Sternbilder sind, welche zum Ekliptikband gehören.

Das hat einen ganz verständlichen, historischen Grund. Die Ekliptik hat ja ihren Ursprung als die scheinbare Bahn der Sonne um das ganze Himmelsgewölbe herum, welche sie in einem Jahr zurücklegt. Nun ist ein Jahr ein bißchen lang

Bild Seite 74/75: Der Tierkreis ist ein Band von zwölf Sternbildern, die längs der Ekliptik angeordnet sind; der Reihe nach von oben, entgegen dem Uhrzeiger: Zwillinge, Krebs, Löwe, Jungfrau, Waage, Skorpion, Schütze, Steinbock, Wassermann, Fische, Widder und Stier. Der Himmelsäquator bildet den Winkel von 23½ Grad gegen die Ekliptik, so daß die Sonne während eines Jahres am Himmel herauf- und herunterfährt.

Himmelsäquator

Ekliptik

für das Zeitgefühl des Menschen, und zu einer natürlichen Unterteilung des Jahres diente der Mond, der ziemlich genau zwölfmal im Jahr uns als Neumond bzw. als Vollmond erscheint. So hat man den Weg der Sonne um das Himmelsgewölbe herum zwölfmal unterteilt und jedem Abschnitt ein Sternbild zugewiesen. Das sind die berühmten zwölf Sternbilder des Tierkreises. Der Reihe nach heißen sie: Widder, Stier, Zwillinge, Krebs, Löwe, Jungfrau, Waage, Skorpion, Schütze, Steinbock, Wassermann und Fische. Das ist der »Tierkreis«, obwohl nur sieben der Sternbilder Tiere sind. Vier von ihnen sind menschliche Figuren, nämlich die Zwillinge, die Jungfrau, der Schütze und der Wassermann. Nur eines von ihnen ist ein sächlicher Gegenstand: die Waage.

Die Alten wußten bereits, in welchem Sternbild die Sonne jeweils steht, obwohl sie doch die Sterne dahinter überstrahlt...

Schon seit vielen hunderttausend Jahren stehen diese Sternfiguren entlang der geritzten Sonnenbahn am Himmelsgewölbe. Durch die Unterteilung in zwölf Sternbilder kommt es dazu, daß wir jedem Monat ein Tierkreisbild zuschreiben können. Es ist dann immer dasjenige, in dem die Sonne von der Erde aus gesehen während des jeweiligen Monats steht. Freilich kann man das nicht direkt beobachten, da ja die Sonne den schwachen Schein der Sterne so überstrahlt, daß man direkt nicht sehen kann, vor welchem Sternbild die Sonne jeweils steht. Nun, auch unsere Vorfahren waren nicht auf den Kopf gefallen.

Nehmen wir einmal an, die Sonne steht im Sternbild des Stieres. Wenn sie dann untergeht, nimmt sie bei der täglichen Umwälzung des Himmels das Sternbild des Stieres, in dem sie steht, mit unter den Horizont. 20 Minuten später jedoch ist es bereits so dunkel, daß man – besonders in Wüstengegenden – knapp über dem Sonnenuntergangspunkt dann das Sternbild der Zwillinge sehen kann. Das wäre dann das nächste Sternbild, in das die Sonne einen Monat später bei ihrer Wanderung von Westen nach Osten entlang des Himmelsgewölbes eintritt. Umgekehrt, eine halbe Stunde vor Sonnenaufgang, erscheint in der Morgendämmerung am Osthorizont das Sternbild des Widders, das die Sonne gerade vor einem Monat hinter sich gelassen hat. Wenn dann die Sonne aufging, mußte sie offenbar im

Sternbild des Stieres stehen, was man freilich nicht beobachten konnte. Unsere Vorfahren konnten mit diesem Trick sehr sauber berechnen, in welchem Sternbild sich die Sonne jeweils befinden mußte, auch wenn sie dies während des Tages nicht unmittelbar sehen konnten.

Selbstverständlich sind diese Sternbilder nicht naturgegeben. Längs des Tierkreises haben sich eben während der bewußten Geschichte der Menschheit bestimmte Anordnungen von Fixsternen befunden, die dann von den Menschen in dieser phantasievollen Weise als »Sternbilder« gedeutet worden sind. Der Mond hat sie dann dazu veranlaßt, die Unterteilung der Monate zu schaffen, und so mußten eben längs des Tierkreises zwölf Sternbilder untergebracht werden.

Der Mond, der das Himmelsgewölbe etwa zwölfmal im Jahr umkreist, war für die Zahl der Tierkreissternbilder verantwortlich.

Interessant dabei ist, daß es ursprünglich nur elf – oder man sollte vielleicht sagen: elfeinhalb – Sternbilder des Tierkreises gegeben hat. Die heutigen Sternbilder des Skorpions und der Waage umfassen einen ziemlich breiten Bereich des Ekliptikbandes, wobei ursprünglich der riesige Skorpion die beiden Waagschalen in seinen Scheren hielt. Auf allegorischen Figuren des Sternenhimmels wurde noch bis in die Renaissance hinein der Himmelsskorpion immer mit den Waagschalen in seinen Scheren abgebildet. Erst in den späteren Epochen der ägyptischen Kultur – wohl auch unter dem Einfluß der mathematisch so ordentlichen Griechen – wurde das Sternbild der Waage vom Skorpion getrennt und zu der Würde eines eigenen, des zwölften, Tierkreissternbildes erhoben. Das ist wohl auch der Grund, weshalb die Waage sich als einziger sächlicher Gegenstand in den Club der Tierkreissternbilder einschleichen konnte. Nun, damit war wenigstens auch der magischen Zahl 12 Genüge getan, die ja den Mondumläufen pro Jahr in etwa entspricht und der Zahl 10 gegenüber den mathematisch unbestreitbaren Vorteil hat, daß sie sich ohne Rest durch drei teilen läßt. Vom Sternenhimmel daher stammt noch die Vorliebe der Menschheit, mit der 12 statt mit der 10 zu rechnen. Heute noch haben wir die Einteilung des Kreises in 360 Grad, die auf diesem Zwölfersystem beruht. Auch Stunden, Minuten und Sekunden beruhen auf der Zahl 12.

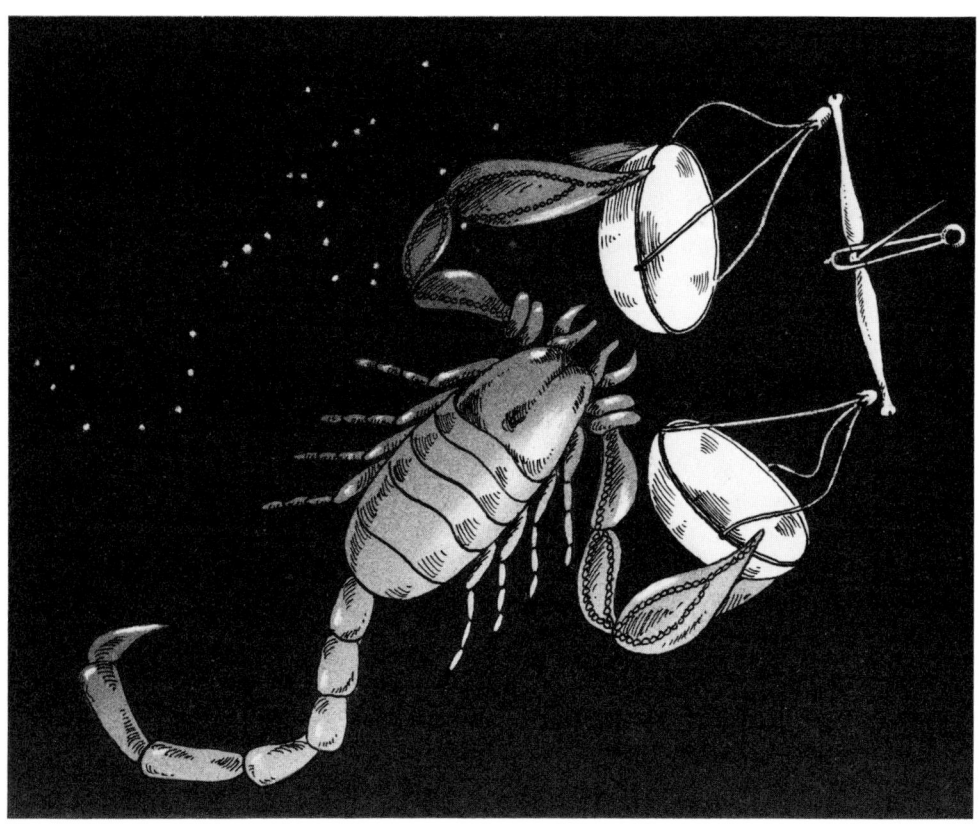

Ursprünglich wurde die Waage zum Sternbild des Skorpions gerechnet, der die Waagschalen in seinen Scheren hält. Erst in der ägyptischen Mythologie wurde die Waage in den Rang eines eigenen Tierkreissternbildes erhoben.

In der Zwischenzeit hat sich das Zehnersystem in unserer Zahlenrechnung durchgesetzt. Das beruht natürlich darauf, daß wir zehn Finger haben. Dieser eingebaute Computer erschien den Kaufleuten und Händlern bei der Abwicklung ihrer täglichen Geschäfte schon seit Jahrtausenden sehr viel praktischer als das Zwölfersystem, das uns die Himmelserscheinungen empfehlen. Aus diesem Grund müssen wir armen Astronomen uns heute noch täglich mit der Umrechnung von dem Zwölfer- in das Zehnersystem herumschlagen. In modernen Taschenrechnern gibt es zwei Tasten, mit denen man von einem auf das andere System umschalten kann. Das erleichtert auch Berechnungen, wenn man

Stunden, Minuten und Sekunden auf einen Dezimalbruch umschalten muß, denn auch unsere Zeitrechnung beruht auf dem Zwölfersystem.

In den vorangegangenen Überlegungen haben wir gezeigt, daß die Sonne in jedem Monat in einem bestimmten Sternbild des Tierkreises steht. So gibt es für jeden unserer Monate, von Januar bis Dezember, ein bestimmtes Symbol, das wir von der Position der Sonne längs der Ekliptik ablesen können. In dieser Abzählung der Sternbilder jedoch durch die Monate hindurch stecken unsere Jahreszeiten. Wodurch entstehen überhaupt Jahreszeiten?

Die kosmische Geometrie sorgt dafür, daß den verschiedenen Jahreszeiten jeweils ganz bestimmte Tierkreissternbilder zugeordnet sind.

Nun jeder, der sich ein bißchen in der Sternenkunde auskennt, weiß, daß das von einer Schrägstellung der Erdachse abhängt. Es wäre nämlich sehr einfach, wenn die Erde die Sonne umkreiste, wobei die Achse ihrer Eigendrehung senkrecht auf ihrer Bahn stünde, so wie die Achse eines kleinen Zahnrades, das von einem großen Zahnrad angetrieben wird. Bei der Schöpfung der Planeten hatte die Natur es so einfach nicht im Sinne. Nein, als sie die Erde erschuf und sie als Kugel in ihre eigene Achsenumdrehung versetzte, hat sie diese Drehachse schief auf die Erdbahnebene gesetzt, und zwar mit einem Winkel von 23½ Grad. Das ist die berühmte Schiefe der Ekliptik. Diese Ungereimtheit in der Struktur der Erdbewegung ist leider für das Verständnis erschwerend – die Schiefe der Ekliptik jedoch sorgt für eine sehr fruchtbare Buntheit in den Naturerscheinungen: ihr verdanken wir nämlich die Jahreszeiten.

Um die Position der Drehachse der Erde während ihres Umlaufs um die Sonne anschaulich zu machen, müssen wir uns das einmal hinmalen. Zuvor schon hatten wir davon gesprochen, daß nach den physikalischen Gesetzen ein Kreisel die Richtung seiner Drehachse beibehalten will. Das führt dazu, daß die Erdachse trotz ihrer Schrägstellung während ihres ganzen Umlaufes die Richtung ihrer Achse im Universum beibehält. Nun schauen wir uns im Bilde auf Seite 115 die Erde an, wo durch die Schrägstellung ihrer Achse ihre Nordhalbkugel der Sonne zugewendet ist. Dann haben wir den sogenannten »Sommer« für die Nordhalbkugel: Es ist der 21. Juni eines jeden Jahres. Dann verfolgen wir die Erde auf ihrer Bahn ein Viertel weiter hinüber. Nun bescheint die Sonne beide Halbkugeln der Erde gleichmäßig. Geometrisch gesprochen steht dann die Verbindungslinie zwischen den Mittelpunkten der Sonne und der Erde senkrecht auf der Erdachse. Beide Halbkugeln sind dann der Sonne gleichermaßen zugewendet. Das ist dann die Herbststellung der Erde am 23. September eines jeden Jahres.

Wiederum ein Vierteljahr später steht die Sonne (für die Nordhalbkugel) in der Winterstellung, da nun die Nordhalbkugel der Sonne abgewendet ist. Die Südhalbkugel hat dann ab 22. Dezember eines jeden Jahres Hochsommer. Wiederum ein Vierteljahr später steht die Erde der Herbststellung gegenüber in der Frühlingsstellung. Beide Halbkugeln der Erde werden dann wieder in gleichem Maße bestrahlt. Das ist dann der Frühlingsbeginn der Nordhalbkugel, der 21. März eines jeden Jahres. Ein Vierteljahr später sind wir wieder am Ausgangspunkt, der Sommerstellung der Nordhalbkugel.

Den schönen Wechsel unserer Jahreszeiten verdanken wir nur einer Unordentlichkeit in der kosmischen Geometrie: die Rotationsachse der Erde steht nicht senkrecht auf der Erdbahnebene, sondern ist um 23½ Grad gekippt.

Nun verstehen wir auch, weshalb es für die verschiedenen Jahreszeiten – Frühling, Sommer, Herbst und Winter – ganz typische Sternbilder gibt, die diesen Jahreszeiten zugeordnet sind, Monat für Monat. Denn von der Stellung des Frühlings, des Sommers, des Herbstes und des Winters aus gesehen steht die Sonne doch immer wieder in demselben Sternbild rings um das Band des Tierkreises herum.

Was wir hier so beschrieben haben, gilt für den Ablauf von einem Jahr zum anderen, nicht jedoch für den Ablauf von Jahrtausenden. In dem vorangegangenen Kapitel über den Polarstern haben wir ja schon davon gesprochen, daß die Erdachse eine Kreiselbewegung durchführt. Es ist also nicht richtig, wenn wir hier einfach so gesagt haben, daß die Erdachse bei einem Umlauf um die Sonne sich selbst parallel bleibt. Von Jahr zu Jahr dreht sie sich um ein ganz Weniges. Damit sie einmal ihre Taumelbewegung durchführt, dauert es jedoch 25 800 Jahre. Das hatten wir ja zuvor schon besprochen, als wir über den sehr langsam erfolgenden Wechsel der Polarsterne sprachen. Im Verlaufe der Jahrtausende – so hatten wir ja gesehen – weist die Erdachse in verschiedene Richtungen des Universums, so daß sich uns in sehr langen Zeiträumen immer wieder neue Polarsterne anbieten.

Nun ist es soweit, daß wir wieder zu dem »zweiten Aspekt« übergehen müssen. Das heißt, wir wollen uns jetzt auf die Erde stellen und diese ganzen Bewegungen einmal von dort aus betrachten. Von der Erde aus gesehen erscheint uns ja der Sternenhimmel als eine riesige Halbkugel, wobei wir uns diese freilich in unserer Phantasie zu einer Vollkugel ergänzen müssen. Die Astronomen haben sich dabei bemüht, für die Orte der Sterne am Himmel ein Schema zu schaffen. Bei diesen Bemühungen haben sie von den Geographen gelernt.

Wir alle wissen ja, daß man für die Orte eines Punktes auf der Erde ein sehr geordnetes Muster von Kreisen geschaffen hat: die sogenannten Längen- und Breitengrade. So weiß auch jeder, daß wir zwei Erdpole und einen Äquator haben. Die Breitenkreise sind dann dem Äquator parallel angeordnet, und sie werden vom Äquator aus bis zu den Polen nach Norden und Süden immer kleiner. 90 solcher Kreise hat man auf die Erde gemalt, die dann in den Polen zu Punkten werden. Die Längengrade sind Kreise, die – senkrecht auf den Breitengraden stehend – die Erde von Pol zu Pol umschlingen. Diese sind dann wie die Drähte eines kugeligen Vogelkäfigs, die in den Polen zusammen laufen.

Längen- und Breitengrade auf der Erde dienen uns zur Orientierung auf ihr; Astronomen haben dieses klassische System übernommen.

Stellen wir uns jetzt einmal die Erde wie eine große Glaskugel vor, auf der wir diese Längen- und Breitenkreise schwarz aufgemalt haben. Dann bringen wir im Erdmittelpunkt eine sehr helle Lampe an, welche ihre Lichtstrahlen kugelig nach allen Seiten ausstrahlt. Sodann stellen wir uns den Hintergrund des finsteren Himmels als eine kugelige Projektionsfläche vor, genauso wie in einem Planetarium. Dann werden diese Längen- und Breitenkreise auf dieser Himmelskugel ein Netz entwerfen, das als ein Schattenbild genauso aussieht wie die Längen- und Breitenkreise unserer Erde. Genau ein solches Netz von Kreisen benutzen die Astronomen, um die Orte der Fixsterne nach Länge und Breite festzulegen. Freilich mußten sich die Astronomen von den Geographen ein wenig abheben; deshalb haben sie

Die tägliche Rotation des Himmelsgewölbes ist ja nur ein Abklatsch der Erdrotation; daher haben die Positionskreise auf der Erdoberfläche und am Himmel die gleiche Achse und laufen parallel.

ihren Längen- und Breitenkreisen eigene Namen gegeben: Ihre Längenkreise am Himmel nennen die Astronomen »Rektaszensionskreise«; ihre Breitenkreise nennen sie »Deklinationskreise«. Nur die Bezeichnungen für die beiden Pole und für den Äquator – die sich ja dann auch an die Himmelskugel projizieren – haben sie beibehalten. Daher gibt es auch zwei Himmelspole und einen Himmelsäquator.

Dieses schön zisilierte Muster von Kreisen ist natürlich mit der Erde verbunden. Da nun die Erdachse ja um die berühmten 23½ Grad schräg steht, bildet der Himmelsäquator mit der Ekliptik einen Winkel. Der Himmelsäquator und die Ekliptik sind also zwei Kreise, die gegeneinander um diesen Winkel gekippt sind. Genauso wie wir es im vorangegangenen Kapitel schon mit der Mondbahn und mit der Ekliptik gesehen haben, gibt es auch zwischen dem Himmelsäquator und der Ekliptik zwei Schnittpunkte, die einander genau gegenüber stehen.

Nun wollen wir einmal die Erde in ihrer Bahn in ihre Position versetzen, die sie jedes Mal am 21. März eines jeden Jahres einnimmt. Von der Erde aus gesehen steht dann die Sonne genau im Schnittpunkt zwischen dem Himmelsäquator und der Ekliptik. Das ist der berühmte Frühlingspunkt. Wenn wir dann von der Erde aus zum Sonnenmittelpunkt schauen und diese gedachte Sichtlinie verlängern, dann läuft sie durch den Schnittpunkt zwischen dem Himmelsäquator und der Ekliptik hindurch; wenn sie die Himmelskugel durchstößt, dann ist das ein ganz bestimmter Punkt in der Fläche der Sternbilder, den man naturgemäß »Frühlingspunkt« genannt hat. Jedes Mal wenn die Sonne nach Ablauf eines Jahres wieder im Frühlingspunkt steht, beginnt der Ablauf der Jahreszeiten von neuem (s. Bild Seite 83). Dieser Frühlingspunkt hat demnach eine ganz bedeutende Stellung. Zur Zeit steht der Frühlingspunkt im Sternbild der Fische. Was aber heißt »zur Zeit«?

Die Position des Frühlingspunktes ist bei der »Jahrmarktsbewegung« unserer Erde leider nicht fixiert. Wir haben vorhin ja davon gesprochen, daß unsere Erdachse taumelt. Jetzt müssen wir noch einmal an die bemalte Christbaumkugel unserer Erde denken, die auf ihrer Ober-

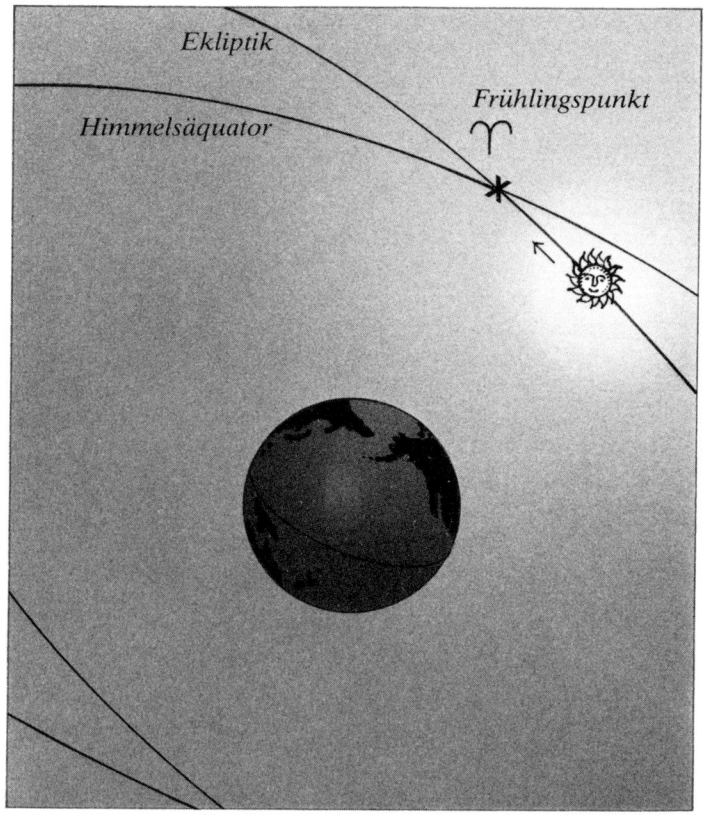

Himmelsäquator
und die scheinbare
Sonnenbahn, die
Ekliptik, sind zwei
Großkreise am
Himmel, die um
23½ Grad gegen-
einander gekippt
sind. Sie schneiden
sich an zwei einander
gegenüberliegenden
Punkten: dem
Frühlingspunkt und
dem Herbstpunkt.
Dort kreuzt die
Sonne den Himmels-
äquator jeweils am
21. März und am
23. September. Da
der Frühlingspunkt
im Altertum im
Sternbilde des
Widders lag, wird er
auch heute noch mit
dem Zeichen der
Widderhörner
symbolisiert.

fläche die schwarzen Längen- und Breitengrade trägt. Wenn unsere Erde nun in ihrer Achse eine Taumelbewegung ausführt, dann führt sie ja dieses ganze schöne Muster der Längen- und Breitengrade am Himmel mit sich. Nun muß man ein bißchen räumlich denken können, um einzusehen, daß bei dieser Taumelbewegung der Schnittpunkt zwischen dem Himmelsäquator und dem Frühlingspunkt im gleichen Takt weiterschreiten muß. Das bedeutet, daß der Frühlings-punkt im Laufe von 25 800 Jahren einmal durch den Tierkreis wandern muß. Das ist die »Präzession« des Frühlings-punktes – und jetzt verstehen wir auch, wenn wir sagen, daß der Frühlingspunkt »zur Zeit« im Sternbild der Fische steht.

**Alle 2000 Jahre
treten wir in ein
neues Zeitalter ein:
2000 bis 0: Widder;
0 bis 2000: Fische.
Zur Jahrtausend-
wende steht ein
neues Zeitalter
bevor: Wassermann,
»Aquarius«.**

Nun dauert die Taumelbewegung der Erde – wie gesagt –
rund 26 000 Jahre. Wenn man dann nicht so genau rechnet,
so ergibt sich, daß der Frühlingspunkt alle 2000 Jahre in ein
neues Sternbild hineinläuft, da wir ja zwölf Sternbilder im
Tierkreis haben.

Wenn man nun vom Norden her – jetzt wieder im ersten
Aspekt – auf die Erde herabschaut, wie sie die Sonne
umkreist, so können wir feststellen, daß ihre Taumelbewegung im Uhrzeigersinne erfolgt, wie unser Bild auf Seite 29
zeigt. Der Frühlingspunkt läuft so ganz langsam im Laufe
der Jahrtausende den Tierkreis rückwärts entlang. Wenn er
heute im Sternbilde der Fische steht, so stand er vor 2000
Jahren noch im Sternbild des Widders. Der Eintritt des
Frühlingspunktes in das Sternbild der Fische erfolgte etwa
zur Zeit Christi. Umgekehrt stand der Frühlingspunkt vor
4000 Jahren im Sternbild des Stiers. Diese Wanderung des
Frühlingspunktes durch den Tierkreis hindurch ist immerhin so schnell, daß unsere Vorfahren vor 2000, 4000 oder
sogar 6000 Jahren die Sternbilder mit den Monaten – und
damit mit den Jahreszeiten – ganz anders verbunden haben
als wir modernen Menschen es heute tun müssen. Wenn man
diese Wanderung des Frühlingspunktes nicht berücksichtigt,
dann kann man die mythologische Bedeutung der verschiedenen Sternbilder des Tierkreises, wie sie sich innerhalb der
Jahreszeiten anordnen, nicht richtig begreifen. Das müssen
wir im Auge behalten, wenn wir uns jetzt anschicken, die
mythologische Bedeutung der Tierzeichen von Monat zu
Monat zu betrachten.

Die Sternsagen, die mit den einzelnen Sternbildern des
Tierkreises verknüpft werden, sind daher sehr stark an die
Jahreszeiten gebunden. Das sehen wir sehr schön in den
ersten drei Tierkreissternbildern des Frühlings: Widder,
Stier und Zwillinge. Jedem fällt dabei sofort auf, daß diese
drei Sternbilder Fruchtbarkeitssymbole sind. So spielt der
Widder in der Kulturgeschichte der alten Völker eine
hervorstechende Rolle. Wir kennen ihn ja auch aus der
Bibel. Das Schaf und seine Fruchtbarkeit haben für die alten
Hirtenvölker eine ganz besonders wichtige Bedeutung
gehabt. All das spiegelt sich in den alten Geschichten wider.

Der Gott Merkur schenkt den beiden thessalischen Königskindern Phrixos und Helle einen Widder mit einem Goldenen Vlies.

Der zauberhafte Widder kann auch fliegen und entführt die Königskinder nach Kolchis am Schwarzen Meer.

Die kleine Helle verliert ihren Halt – sie stürzt ab: in jenes Binnenmeer, das heute noch Hellespont heißt.

**Die berühmte
Argonautensage mit
dem Seehelden
Jason, der das Gol-
dene Vlies zurück-
eroberte, hat ihren
Ursprung im
Sternbild des
Widders.**

Die Geschichte vom Goldenen Vlies ist eine der schönsten griechischen Sagen, die mit dem Widder verbunden ist. Vor langer Zeit lebte in Thessalien ein König mit Namen Athamas. Er besaß zwei Kinder, einen Sohn Phrixos und eine Tochter Helle. Die Mutter dieser Kinder starb, als diese noch sehr klein waren. Als der König wieder heiratete, bekamen die beiden Kinder eine Stiefmutter, die so böse war, wie es in vielen Märchen und Geschichten zu lesen ist. Die beiden Kinder hatten ein schweres Leben. Als der Gott Merkur eines Tages auf einem seiner göttlichen Botengänge das Land Thessalien überflog, dauerten ihn die Kinder. Er erschuf einen übernatürlichen Widder, mit einem herrlichen goldenen Fell, den er den Kindern als Spielgefährten schenkte. Die beiden Kinder waren so begeistert von dem gleißenden Fell des schönen Tieres, daß sie sich, daran festhaltend, rittlings auf ihn setzten. Dieser göttliche Widder konnte jedoch nicht nur laufen, sondern auch fliegen. Eines Tages entführte er die beiden Kinder, und bei diesem Flug konnte sich die kleine Helle an den Haaren des Widders nicht mehr festhalten. Sie stürzte in das Meer, und heute noch heißt jener Teil des Meeres, wo sie abstürzte – zwischen dem Schwarzen Meer und dem Mittelmeer – »Hellespont«. Der Widder jedoch landete glücklich mit dem Knaben Phrixos auf dem Rücken in Kolchis, einem Land an der Ostküste des Schwarzen Meeres. Daran knüpft sich auch die berühmte Argonautensage, nach der der Seeheld Jason die Meerengen zwischen dem Mittelmeer und dem Schwarzen Meer durchkreuzte, um das Goldene Vlies des göttlichen Widders nach Griechenland zurückzuführen. Auch dieser Teil der Sage hat im Sternenhimmel seine Verewigung gefunden. Eines der größten Sternbilder am südlichen Sternenhimmel repräsentiert das Schiff Argo.

Im Mai steht die Sonne im Sternbild des Stieres. Dann hat sie den Kampf mit den Mächten des Winters schon gewonnen und strebt bereits dem Sommer zu. Vor vielen Jahrhunderten war das anders. Die Taumelbewegung der Erdachse hat ja zur Folge, daß sich die Stellung der Sonne in den einzelnen Sternbildern jahreszeitlich ändert, wenn Jahrtausende im Spiel sind. Vor 4000 bis 6000 Jahren nämlich stand die Sonne im Sternbild des Stieres, als es noch März und Februar war. Für die alten Völker war das ein glückhafter Umstand, denn die sprichwörtliche Kraft des Stieres war ihnen Garant dafür, daß die Sonne sich wieder zu einem neuen Frühling und Sommer erheben wird.

So gab es bei den alten Ägyptern den heiligen Stier Apis, der die Sonnenscheibe zwischen seinen Hörnern trägt. Mit seinem starken Nacken hebt er sie in die höchsten Höhen des Sommers. Dieser Stier wurde in Ägypten jahrtausendelang verehrt, repräsentiert durch ein lebendes Tier. Starb der Stier, so wurde er durch ein Kälbchen ersetzt, das an seine Stelle trat. Priester haben das ganze Land durchforscht, um die Inkarnation des heiligen Stieres wiederzufinden.

In allen Ländern des Altertums gab es einen Stiermythos. in der babylonischen und mykenischen Kunst sehen wir immer wieder das Stiermotiv. In Griechenland gab es die berühmte Sage des Minotauros. Die griechische Mythologie berichtet, daß dieses Untier – halb Mensch, halb Stier – der Nachkomme eines Bullen und der Pasiphae, der Frau des Königs von Minos in Kreta, war. Dieses blutdürstige Ungeheuer wurde in dem berühmten Labyrinth im Palast von Knossos eingesperrt. Es war dies ein Gebäude mit zahllosen Irrgängen, das von dem listenreichen Erfinder Dädalus erbaut worden war. Die Athener waren den Kretern für lange Zeit einen schrecklichen Tribut schuldig. Sie waren gezwungen, in regelmäßigen Abständen sieben Jünglinge und sieben Jungfrauen nach Kreta zu schicken, die dem Untier zum Fraß vorgeworfen wurden. Der griechische Held Theseus hat dem ein Ende gemacht, als er sich freiwillig meldete und den Minotauros mit seinem magischen Schwert erschlug. Seine Geliebte, die Königstochter Ariadne, half ihm dabei mit einem gerissenen Trick. Als sie das Labyrinth betraten, knüpfte sie einen Faden an die Eingangspforte, den sie dann beim Eindringen in das unübersichtliche Gebäude abspulte. Anhand des Fadens fanden sie wieder zurück.

Auch heute noch gibt es Relikte dieses uralten Stierkultes der alten Völker, die mit dem Sternbild des Stieres

Der uralte Stiermythos der Mittelmeerländer – bis zum spanischen Stierkampf von heute – hängt mit dem schönen Tierkreissternbild des Stieres zusammen.

Apis, der heilige Stier der Ägypter, trägt die Sonnenscheibe zwischen seinen Hörnern, um die Sonne im Frühling nach oben zu wuchten.

ursprünglich zusammenhängen. Denken wir nur einmal an die Stierkämpfe in Spanien und in den lateinamerikanischen Ländern.

Mit seinem rotleuchtenden Auge – Aldebaran, einem Stern erster Größe – und mit seinen beiden Sternhaufen – den Hyaden und den Plejaden – gehört der Stier zu den schönsten Sternbildern. Vor allem die Plejaden stellen eine der auffälligsten Konstellationen am Himmel überhaupt dar. Sie sind ein eng gedrängtes, wunderschönes Sternhäufchen, etwa doppelt so groß im Durchmesser wie die Vollmondscheibe. Über dieses Siebengestirn, wie es auch heißt, gibt es zahllose reizvolle Geschichten. Das ist auch verständlich, denn dieses Sterngrüppchen leuchtet in einer klaren Nacht wie eine Handvoll Diamanten.

Die Südsee-Insulaner berichten: Vor langer Zeit stand an der Stelle, wo heute das Siebengestirn zu sehen ist, ein überaus heller Stern. Aldebaran und der hellste Stern des Himmels überhaupt, Sirius, waren auf den Glanz dieses Sternes so eifersüchtig, daß sie sich gegen ihn verbanden. Es

gelang ihnen, diesen Stern in Stücke zu zerschlagen, so daß ihr eigener Glanz unangefochten blieb.

Mit dem bloßen Auge kann man in den Plejaden deutlich sechs Sterne erkennen; aber die magische Bedeutung der Zahl 7 hat sie eben zum Siebengestirn gemacht. Nach der griechischen Sage waren die Plejaden die Töchter des Atlas und der Pleone, die in Sterne verwandelt wurden, weil sie über das Schicksal ihres Vaters untröstlich waren, der die Last des Universums auf seinen Schultern tragen mußte. Die Namen der sieben Töchter waren: Maja, Taygeta, Celano, Asterope, Alkione, Merope und Elektra.

Die alten Geschichtenerzähler haben natürlich darüber nachgedacht, wieso von den sieben Töchtern des Atlas nur sechs zu sehen sind. Der Sage nach hat Elektra, deren Sohn Dardanus die Stadt Troja gegründet hatte, ihren Platz am Himmel verlassen aus Trauer über die Zerstörung dieser Stadt. Sie war so untröstlich darüber, daß sie nicht mehr bei ihren Geschwistern bleiben wollte. Sie ließ sich schließlich bei dem Stern Mizar im Großen Bären nieder.

Als Troja in Rauch und Flammen aufging, hat die Mutter des Städtegründers Dardanus getrauert. Mit ihren sechs Schwestern, den Plejaden, wurde Elektra im Siebengestirn am Himmel verewigt. Voll Trauer verhüllte sie ihr Haupt, so daß im Siebengestirn nur noch sechs Sterne zu sehen sind.

Die beiden Zwillinge Castor und Pollux – Halbgott und Gott – halfen den Römern im Felde; nach dem Sieg kehrten sie nach Rom zurück und wurden am Himmel verstirnt. Eine Tempelruine in Rom ehrt sie noch heute.

Wenn die Sonne in unserer Zeit ihren höchsten Stand erreicht, dann steht sie im Sternbild der Zwillinge. Es besteht aus fast genau gleich hellen Sternen erster Größe, die nahe beieinanderstehen. Vor 4000 Jahren etwa befand sich die Sonne in diesem Sternbild zur Frühlingszeit. So müssen wir die Zwillinge deuten, nämlich als Fruchtbarkeitssymbol. In alten Zeiten waren viele Kinder ein großer Segen, und wenn man gleich zwei auf einmal bekam, so war das besonders gut.

Nach der Sage waren die Zwillinge Halbgötter; jedoch nur der eine von ihnen, Pollux, war unsterblich; Castor war sterblich. Beide waren Argonauten, das heißt, sie gehörten zur Mannschaft des Jason auf seiner Reise zur Eroberung des Goldenen Vlieses. Während dieser Fahrt ereignete sich ein schwerer Sturm, der das Schiff Argo zu zerstören drohte. In ihrer göttlichen Macht jedoch haben die Zwillingsbrüder die Wut des Sturmes zerteilt, und als die Sterne hinter den Wolken hervorbrachen, erblickten die Argonauten das Zwillingsgestirn am Himmel. Seit jener Zeit galt dieses Sternbild den Seefahrern als ein gutes und glückhaftes Zeichen am Himmel.

Bei den Römern genossen die Zwillinge besondere Verehrung. Bei einer ihrer vielen Schlachten erschienen in einer kritischen Stunde zwei berittene Helden, welche das Geschick zugunsten der Römer wendeten. Die beiden ritten nach Rom an der Spitze des siegreichen Heeres und führten ihre beiden Schimmel zur Tränke an einen Brunnen. Danach verschwanden sie. Die dankbaren Römer errichteten den Halbgöttern an dieser Stelle einen Tempel, der heute noch zu den schönsten Ruinen Roms gehört.

Den Zwillingen wurden überirdische Gaben zuerkannt. So waren sie imstande, trockenen Fußes das Meer zu begehen. Auch hier haben wir ein altes Motiv, das bei den seefahrenden Völkern immer wieder auftaucht. – Wie die Sage weiter erzählt, mußte Castor, der ja sterblich war, nach seinem Tod in den Hades. Da sie beide ihr Leben lang unzertrennlich waren, hat sich sein unsterblicher Bruder Pollux entschlossen, das Schicksal seines Bruders im Hades zu teilen. Zeus dagegen versetzte sie beide an den Himmel.

*Im Kampf mit dem
Löwen von Nemea
zwickt ein Krebs den
Helden Herkules auf
Geheiß der
eifersüchtigen Göttin
Hera in den Fuß.
Wenn die Sonne im
Sternbilde des
Krebses steht, tritt sie
nach ihrem
Höchststand den
»Krebsgang« an.*

Wenn die Sonne zur Sommersonnwende ihren höchsten
Stand erreicht hat, tritt sie den Krebsgang an, das heißt, sie
wendet sich wieder nach Süden. Sie steht dann im Sternbild
des Krebses. Unter allen Sternbildern des Tierkreises ist der
Krebs das unscheinbarste. Ja, es ist sogar so, daß sich an
dieser Stelle zwischen den Sternbildern der Zwillinge und
des Löwen eine ziemlich sternleere Gegend befindet. Um in
den wenigen schwachen Sternen einen Krebs zu erkennen,
dazu gehört wirklich allerhand Phantasie. Wie dem auch sei,
die Alten haben dort einen Krebs gesehen.

Die griechische Sage erzählt, wieso dieses bescheidene
Tier überhaupt an den Himmel gelangte. Als Herkules, in
Erfüllung einer seiner zwölf Aufgaben, den Löwen bekämpfen mußte, hat die eifersüchtige Gattin des Zeus den Krebs
beauftragt, Herkules an seinem Kampf zu hindern und ihn in
die Ferse zu zwicken. Herkules war nämlich ein unehelicher
Sohn ihres Gatten. Der Held hat den Krebs während seines
Kampfes zertreten. Hera indessen blieb dem kleinen Krebs
nichts schuldig: sie versetzte ihn an den Himmel.

Wenn der Krebs am Himmel etwas enttäuschend ist, so kommen wir jetzt zu einem besonders prachtvollen Sternbild, das in seiner Konstellation sehr sinnfällig ist: zum Löwen. Die Sterne, die den Löwen bilden, sind in der Tat so angeordnet, daß man ohne jede Mühe in ihnen eine Großkatze mit Kopf, Schnauze, Vorder- und Hintertatzen und Schwanz erblicken kann. Ein Stern erster Größe, Regulus, schmückt dieses schöne Sternbild. Auch können wir verstehen, daß die Stellung der Sonne im Sommer mit der Kraft eines Löwen verbunden ist. In dieser Zeit nämlich, in der die Sonne im Löwen steht, strahlt sie ihre größte Hitze aus, und der Löwe als Tier der Tropen und König der Tiere dient hier als Sinnbild. Gleichzeitig fällt in jene Zeit auch die Hochflut des Nils in Ägypten. Aus diesen Grund haben die alten Ägypter die Ecksteine der Tore ihrer Kanäle, die sie schon damals zur Bändigung der Nilfluten gebaut hatten, mit riesigen Löwen geziert. Auch ist das Symbol des Löwen in der Kunst der Vorgeschichte immer wieder mit dem lebensspendenden Wasser verbunden worden.

Die Kraft des Löwen symbolisiert die Hitze der Juli- und Augusttage.

Der zweithellste Stern des Löwen bildet die Spitze seines Schwanzes. Sein arabischer Name ist Denebola, das heißt das Schwänzchen oder die Schwanzquaste. In der Nähe von Denebola befindet sich eine auffallende, kleine Sterngruppe, die in jeder klaren Nacht deutlich hervortritt. Es ist dies das Sternbild des Haupthaars der Berenike. Daß der Stern Denebola und das Sternbild der Berenike so nahe beieinanderstehen, hat zu einer sehr hübschen Geschichte Anlaß gegeben.

Im dritten Jahrhundert vor Christus lebte in Ägypten die Königin Berenike, die mit König Ptolemäus III. verheiratet war. Diesem Geschlecht sollte zwei Jahrhunderte später die berühmte Kleopatra entstammen. Berenike war eine besonders schöne Frau und berühmt für ihr herrliches Haar. Während ihr Gatte einen Kriegszug nach Syrien unternahm, hat ihr der Chefarchitekt, der bei Hof aus- und einging, Avancen gemacht und sie besonders wegen ihres schönen Haares gerühmt. Sie aber widerstand der Versuchung und begab sich in den Tempel der Isis; dort schnitt sie sich ihr wallendes Haar ab und opferte es der Göttin mit der Bitte,

ihren Mann glücklich wieder heimkehren zu lassen. Ein paar Tage später war das Haar verschwunden. Offenbar gab es damals schon geschickte Perückenmacher, die wußten, wo sie sich ihr Material holen konnten. Der Astronom Konon von Samos hingegen erklärte, die Göttin sei von diesem Opfer so gerührt gewesen, daß sie das Haupthaar der Berenike in den Himmel versetzt und dort verstirnt hätte. Der enttäuschte Liebhaber erklärte allerdings, es handele sich keineswegs um das Haar der schönen Königin am Himmel – das Sternbild sei in Wahrheit die Schwanzquaste des Löwen!

Ein ägyptischer Tempelbaumeister verliebt sich in die Strohwitwe Berenike, während der Pharao sich auf einem Feldzug befindet. Sie bleibt ihrem Gemahl treu. Die Komplimente über ihr schönes Haar ließ sie sich aber doch gefallen.

Mit dem Eintritt der Sonne in das nächste Sternbild wird es Herbst. Sie steht dann im Sternbild der Jungfrau mit ihrem hellsten Stern Spica, einem blendend hellen, weiß-blauen Stern. Spica ist ein lateinisches Wort und heißt »Ähre«. Deshalb wird die Jungfrau immer mit einer Ähre in der Hand dargestellt, und sie ist damit auch die Göttin der Ernte.

Zwischen dem Löwen und der Jungfrau, die am Himmel nebeneinanderstehen, gibt es eine sehr enge Beziehung, die in der berühmten Sphinx ihren Ausdruck gefunden hat: eine Jungfrau mit einem Löwenkörper. Dieses gewaltige Steinmonument, das vor den großen Pyramiden steht, befindet sich also auch in dem gestirnten Bilderbuch der Alten am Himmel.

Die Jungfrau ist die einzige weibliche Figur im ganzen Tierkreis. Da die Sonne in diesem Sternbild zur Erntezeit steht, war sie bei den alten Völkern eine Naturgöttin: die Ischtar der Babylonier, die Proserpina der Römer und die Persephone der Griechen. Wenn die Sonne im Sternbild der Jungfrau steht, befindet sie sich bereits auf dem absteigenden Ast ihres Laufes, und deshalb sind in diesem Motiv Fruchtbarkeit und Tod eng miteinander verwoben. So war die Jungfrau Persephone, ein Mädchen von zarter Schönheit, eines Tages von Hades, dem Gott der Unterwelt, überrascht worden. Er verliebte sich in sie, entführte sie in einem schwarzen Wagen, der von zwei Rappen gezogen wurde, in sein Reich der Unterwelt. Dort machte er sie zu seiner Gemahlin. In der Zwischenzeit wurde die Erde

Der Gott der
Unterwelt, Hades,
verliebte sich in die
Fruchtbarkeitsgöttin
Persephone und
entführte sie in die
Unterwelt. Die Erde
verdorrte. Zeus
erließ den
Richterspruch, daß
Persephone
wenigstens im
Frühling und
Sommer zur Erde
zurückkehren müsse,
um den Fruchtbar-
keitsrhythmus der
Jahreszeiten zu
erhalten.

unfruchtbar, und Götter und Menschen wandten sich schließlich an Zeus, um diesem Übelstand abzuhelfen. Darauf fällte Zeus das Urteil, daß Persephone jedes Jahr für sechs Monate zur Erde zurückkehren müsse, um deren Fruchtbarkeit zu gewährleisten. In diesem Urteil steckt die grundsätzliche Zweiteilung des Jahres in Sommer und Winter.

Wenn die Sonne in das Sternbild der Waage eintritt, dann kreuzt sie den Himmelsäquator und beginnt den südlichen Teil ihres Jahreslaufes. Nun wird es Herbst und Winter. Die sechs Sternbilder des Tierkreises, die südlich des Äquators stehen, haben daher enge Beziehungen zum Tiefstand der Sonne, zu der Kälte des Winters und zum Regen der kalten Monate.

Die Waage ist das letzte Sternbild, das in den Tierkreis aufgenommen worden ist. Sie ist auch der einzige sächliche Gegenstand unter den Tierkreissternbildern. In älteren Darstellungen gehört sie noch – wie schon erwähnt – zum Skorpion, der die Waagschalen in seinen Scheren hält. Auch

Der hundsköpfige Gott Anubis der Ägypter wägt die Herzen der Verstorbenen gegen eine Feder, um zu bestimmen, wer in den Himmel kommt oder wer in die Hölle fahren muß.

Der Stachel im Sternbild des Skorpions ist ein Fischerhaken, an dem ein polynesischer Fischer einst eine ganze Insel mit Palmen und Vögeln an die Oberfläche emporzog.

wurde sie gelegentlich zur Jungfrau gerechnet, die dann als Göttin Justitia die Waage in der Hand hielt. Wenn die Sonne im Sternbild der Waage steht, dann haben wir Tag- und Nachtgleiche. Bestimmt hat diese Tatsache eine Rolle gespielt, als man sich entschloß, der Waage einen eigenen Platz im Tierkreis zuzuteilen. Bei den alten Ägyptern wurde die Waage von dem hundsköpfigen Gott Anubis benutzt, um die Herzen der Menschen zu wägen. Er wog sie auf gegen eine Feder, und immer dann, wenn das Herz des verstorbenen Menschen leichter war als die Feder, durfte er aufsteigen in das Reich der Götter. War es schwerer, so wurde er in die Unterwelt verdammt – dorthin, wo niemals die Sonne scheint.

Nun kommen wir zu dem vielleicht schönsten Sternbild des Tierkreises: dem Skorpion. Vielen Menschen fällt es schwer, in den Sternen am Himmel jene Figuren zu erkennen, welche die alten Völker in ihrer Phantasie schon immer gesehen haben. Beim Skorpion ist das nicht der Fall. Wenn man die Sterne dieses sehr großen Sternbildes auf einer Sternkarte mit einigen wenigen Strichen verbindet, so entsteht sofort eine anatomisch völlig richtige Skizze eines Skorpions. Wir sehen die ausgebreiteten Scheren, den Leib mit den Beinen, den gekrümmten Schwanz und den abgewinkelten Stachel an dessen Ende.

In den Mythologien fast aller Völker ist der Skorpion als ein böses Zeichen angesehen worden. Er ist ja ein giftiges Insekt, ein nächtliches Tier, das sich heimtückisch in Spalten und unter Steinen verkriecht. Sein Stich ist sehr schmerzhaft und kann bei kleinen Kindern sogar tödlich sein. So soll der große Jäger Orion, der ja auch am Himmel verewigt ist, durch einen Skorpionstich in die Ferse getötet worden sein. Der Skorpion symbolisiert den uralten Kampf zwischen Leben und Tod, zwischen Licht und Schatten, zwischen Sommer und Winter, den die Sonne nun zu bestehen hat.

In der Mitte dieses großen Sternbildes steht ein auffallend roter und heller Stern mit Namen Antares. Das ist ein griechischer Name; er bedeutet »Gegenmars«, da dieser Stern und der Mars einander sehr ähnlich sind. Gelegentlich kommt es vor, daß der Mars seine bedrohlichen Schleifen

Wenn die Sonne im November im Sternbild des Skorpions steht, wird sie gestochen, und sie wird siech. Der Schütze in der Form des Zentauren Chiron erschießt den Skorpion und heilt die kranke Sonne.

just im Sternbild des Skorpions ausführt, so daß die bösen Einflüsse des Ares und des Antares sich vereinigen. Eine solche Konstellation ist für die Astrologen sehr erschreckend, bedeutet sie doch Unglück für die Menschen, Krieg, Blut und Pestilenz.

Für die Bewohner der Nordhalbkugel ist der Skorpion fast ausnahmslos ein finsteres Sternbild. Die Südsee-Insulaner dagegen verbinden mit dem Skorpion eine sehr glückhafte Geschichte. Für sie ist der auffallende Stachel in diesem Sternbild ein Fischerhaken. Ein polynesisches Märchen erzählt, daß ein Fischer sich eines Tages einen besonders schönen und großen Fischerhaken hergestellt hat. Als er damit fischen ging, bekam er bald einen riesigen Fisch an die Angel – so jedenfalls glaubte er. Als er ihn an Land ziehen wollte, stellte er fest, daß er eine ganze Insel mit Kokospalmen, Bergen, Ziegen und Vögeln an der Angel hatte. Mit einem gewaltigen Ruck zog er seine Beute hoch, und so entriß er die ganze Insel den Mächten der Unterwelt. Zum Gedächtnis an diesen gewaltigen Fischzug versetzten

die Götter jenen Fischerhaken an den Himmel. – Leider sehen wir Bewohner Mitteleuropas nur die obere Hälfte des Skorpions; nur am südlichen Himmel kann man das Sternbild in seiner ganzen Pracht sehen.

Sowie die Sonne das Sternbild des Schützen erreicht, nimmt sie ihren tiefsten Stand ein. Das Sternbild des Schützen steht für uns Europäer so tief am Himmel, daß wir es nur selten erkennen können. Die alten Völker haben in ihm einen Zentauren gesehen, der mit gespanntem Bogen gerade dabei ist, den Skorpion mit einem Pfeil zu töten. Er will das Symbol der bösen Mächte überwinden, das die Sonne in ihrer Existenz bedroht hat; denn vom tiefsten Punkt der Sonnenbahn kann es nur noch aufwärts gehen.

Die alten Griechen sahen in diesem Sternbild den weisen und gütigen Zentauren Chiron, der als der klassische Erzieher vieler griechischer Helden – wie Jason, Achilles, Herkules und Äskulap, der Vater der Heilkunde – bekannt ist. Chiron war ein Halbgott und unsterblich. Bei seinem Kampf mit der Schlange Hydra hatte Herkules ihn verse-

Der Zentaur Chiron, Erfinder der Heilkunst, macht die kranke Wintersonne wieder gesund und kräftig.

Als die griechischen Götter in ihrem Kampf mit den Titanen zu unterliegen drohten, retteten sie sich mit einem Sprung in den Nil, wo sie sich in Fische verwandelten; nur der kesse Hirtengott Pan kam zu spät, so daß nur sein Unterleib sich in einen Fischschwanz verwandelte; sein gehörnter Kopf verwandelte sich in eine Ziege.

hentlich mit einem Pfeil verwundet, den er in das giftige Blut der Schlange getaucht hatte. Der Zentaur litt sehr darunter und bat Zeus, ihm die Unsterblichkeit zu nehmen. Zeus ließ ihn sterben. Anschließend jedoch versetzte er ihn an den Himmel, wo er heute noch als das Sternbild des Schützen zu sehen ist. Wenn die Sonne im Schützen steht, wird sie von ihrem winterlichen Siechtum geheilt, nachdem der Stachel des Skorpions sie vergiftet hatte.

Nun beginnt die Sonne sich in ihrem Jahreslauf wieder zu erheben und tritt damit in das Sternbild des Steinbocks ein. Das ist für uns heute ein sehr sinnfälliges Symbol. Wie wir schon öfter gesehen haben, standen die Sternbilder vor Jahrtausenden jahreszeitlich verschoben, und der Steinbock gehörte damals in den Dezember und November. Das waren die unfreundlichen, regenreichen Monate, und man fragt sich, was ein Steinbock damit zu tun hat. Nun, der Steinbock des Tierkreises ist in Wirklichkeit ein Zwitter, mit dem Vorderkörper eines Bocks und dem Hinterkörper eines Fisches.

Nach ihrem tiefsten Stand im Winter klettert die Sonne wieder im Tierkreis hoch; dabei hilft ihr zuerst der flinke Steinbock.

Auch hierzu gibt es eine schöne griechische Sage. Bei ihrer klassischen Schlacht mit den Titanen stand es für die Götter eine Zeitlang recht schlecht, und sie mußten die Flucht ergreifen. Sie begaben sich nach Ägypten und, von den Titanen verfolgt, stürzten sie sich in die Fluten des Nils. Dabei verwandelten sie sich alle zur Tarnung in verschiedene Wassertiere. Lediglich der kapriziöse Hirtengott Pan mit seiner Flöte kam bei dieser Aktion zu spät. Als er sich in den Nil stürzte, gelang es ihm nur, seinen Unterkörper in einen Fisch zu verwandeln, während sein Oberkörper lediglich die Form einer Ziege annehmen konnte. Aus diesem Grund heißt dieser merkwürdige Zwitter im Tierkreis auch der Ziegenfisch, und in dieser Gestalt sehen wir ihn auf vielen alten Darstellungen auch abgebildet.

Obwohl die Sonne nun noch immer höher klettert, befinden wir uns noch in der regnerischen und kühlen Jahreszeit. So ist auch das nächste Sternbild, in das sie nun hineinläuft, ein wässeriges Zeichen: der Wassermann. Er ist als Sternbild recht unscheinbar, und nur in einer sehr klaren Nacht kann er der Phantasie der alten Völker gerecht

Der Inkagott Quetzalcoatl, der dem Meer entstieg, brachte den antiken Völkern Mittelamerikas den Regen und die Fruchtbarkeit.

werden. Am besten zu sehen ist das Wahrzeichen des Wassermannes, nämlich ein Krug, den er auf der Schulter trägt und ausschüttet. Ein Strom von schwachen Sternchen zeigt uns das ausfließende Wasser.

In den Sagen und Märchen der alten Völker ist der Wassermann eine zwielichtige Figur. Für die Babylonier war er der segensreiche Gott Ea, der dem Meer entstammte. Er war halb Mensch und halb Meerwesen, das den Völkern das fruchtbringende Wasser bescherte und sie die Kunst des Ackerbaus gelehrt hat. Auch die alten Mayas hatten eine ähnliche Heilandsfigur, den berühmten Halbgott Quetzalcoatl, der – ebenfalls aus dem Meere kommend – den Inkas und den Mayas das Heil brachte.

Das Wasser ist nicht immer segensreich, und die Menschheit ist immer schon mit Fluten geplagt worden. Auch dafür wurde der Wassermann verantwortlich gemacht. Er ist derjenige, der die Sintflut verursacht hat, über die in den Mythologien fast aller Völker berichtet wird. Die Griechen haben darüber folgendes zu sagen: Die große Flut haben nur

Der Wassermann der alten Völker des Mittelmeerraumes wurde auch für die Sintflut verantwortlich gemacht.

zwei Menschen überlebt, und zwar der Held Deukalion und sein Weib Pyrrha. Als die Flut zurückgegangen war, wanderten sie über eine trostlose, entvölkerte Erde. Ein Orakel sagte ihnen, sie sollten bei ihrer Wanderung die Knochen ihrer Mutter über die Schultern werfen. Dieses Orakel konnten sie zuerst nicht deuten, bis ihnen einfiel, daß die Erde ja ihre Mutter ist. So lasen sie längs ihres Weges Steine auf und warfen sie hinterrücks über ihre Schultern. Als sie sich umdrehten, waren aus all den Steinen, die Deukalion geworfen hatte, Männer entstanden, und aus den Steinen, die Pyrrha geworfen hatte, Frauen. Dadurch wurde die Erde wieder neu bevölkert.

Von einer großen Flut wird in der Geschichte aller Völker in vielen Ländern mit solcher Bestimmtheit berichtet, daß an der Sintflut in grauer Vorzeit nicht zu zweifeln ist. Die Wissenschaftler haben sich darüber freilich Gedanken gemacht. Es gibt allerdings kaum eine geologische Möglichkeit anzunehmen, daß sich eine große Flut auf der ganzen Erde überall zur gleichen Zeit ereignet hat. Das ist aber auch

Ein Titan verfolgte Venus und ihr Söhnlein Amor. Diese stürzten sich ins Wasser und verwandelten sich in Fische. Zur Erinnerung an die wundersame Rettung wurden sie als das Sternbild der Fische an den Himmel versetzt.

zur Erklärung der alten Mythen gar nicht nötig. Der amerikanische Wissenschaftler Isaac Asimov hat hierzu eine interessante Theorie aufgestellt: Große Flutwellen im Meer, die auch weite Strecken des Landes überfluten können, entstehen, wenn ein großer Meteorit ins Meer stürzt. Solche Einstürze kommen im Abstand von einigen tausend Jahren immer wieder vor, und die biblische Sintflut könnte durch einen solchen Meteoritensturz im Indischen Ozean verursacht worden sein, der eine Flutwelle über ganz Mesopotamien bis zu den Bergen der Türkei hin erzeugt hat. Das Sternbild des Wassermanns steht heute noch als Zeuge der Sintflut am Himmel.

Das letzte und zwölfte Tierkreiszeichen sind die Fische. Zusammen mit dem Steinbock und dem Wassermann stehen sie so tief am südlichen Himmel, daß sie – von den Mittelmeerländern aus gesehen – mit dem Meer zu verschmelzen scheinen. Im Sternbild der Fische liegt auch der sogenannte Frühlingspunkt; das ist jener Punkt, an dem die scheinbare Jahresbahn der Sonne den Himmelsäquator schneidet. Von dort an bewegt sich die Sonne im nächsten halben Jahr wieder durch den nördlichen Himmel. Auch die Fische sind kein auffälliges Sternbild. Gewiß, man kann zwei ovale Sternfiguren erkennen, Fischkörpern ähnlich, die mit einem langen Sternenband verbunden sind. So werden die Fische in alten Darstellungen vielfach auch gezeigt: verknüpft durch eine langgezogene Schleife.

Die Taumelbewegung der Erdachse schafft die astrologischen »Weltzeitalter«; seit Christi Geburt herrschte das »Weltzeitalter« der Fische. Solche Deutungen sind zwar charmant, aber nur gedankliche Spielereien.

Die römische Sage hat für die beiden Fische am Himmel auch eine Deutung. So sind eines Tages die Göttin Venus und ihr Sohn Amor am Meeresstrand spazierengegangen und wurden dabei von einem Riesen überrascht. Sie stürzten sich ins Meer und verwandelten sich dabei in Fische, um dem Unhold zu entgehen.

Wir hatten schon öfter darüber gesprochen, daß die Sternbilder sich im Lauf der Jahrtausende jahreszeitlich verschieben. Das bedeutet, daß auch der Frühlingspunkt langsam durch den Tierkreis wandert. Zur Zeit noch befindet er sich im Sternbild der Fische und wird allerdings bereits im nächsten Jahrhundert in das Sternbild des Wassermanns wandern. Als er in das Sternbild der Fische eintrat, schrieb man das Jahr Null, das Zeitalter der Fische begann also mit der Geburt Christi. Das ist auch der Grund, weshalb das Symbol des Fisches eine so große eucharistische Bedeutung hat. So trägt der Siegelring des Papstes heute noch das Symbol der Fische.

Unser Kalender

Kürzlich erschien im Kösel-Verlag ein Buch mit dem Titel *Kinder der Höhle*. Eine der Autoren dieses Buches ist die kluge englische Anthropologin Dr. Doris Jonas. Auch schon in ihren früheren Schriften hat sie sich bei der Betrachtung der Vorgeschichte der Menschheit für die Rolle der Frau eingesetzt, ohne dabei eine penetrante Feministin zu sein. Sie hat mit Überzeugung geltend gemacht, daß die Rolle der Frau in der geistigen Entwicklung der Menschheit während der letzten 100 000 Jahre vielleicht unterschätzt worden sei. Als Engländerin hatte sie dabei mit einer Besonderheit der englischen Sprache zu kämpfen. Das englische Wort »man« heißt nämlich sowohl »Mann« als auch »Mensch«. Wenn also von der Entwicklung der Menschheit die Rede ist, so ist in der englischen Literatur immer von »man« zu reden, wobei aus dem Kontext nicht immer hervorgeht, ob damit ein männlicher oder ein weiblicher Mensch gemeint sei.

Doris Jonas ist eine Anthropologin, die sich besonders mit der Geschichte des Eiszeitmenschen befaßt hat. Die berühmten Höhlenzeichnungen hat sie mit großer Sorgfalt studiert. Sie hat die Hypothese aufgestellt, daß diese Höhlenzeichnungen nicht von Männern, sondern vielleicht von Frauen hergestellt worden sind. Sie hat dafür einleuchtende Gründe angeführt. Den Frauen war ja überlassen, zu flechten und zu weben, wobei sie mit ihrer Phantasie die Gewänder auch schmückten. Von Farben und Mustern verstanden sie daher mehr als die Männer. Sodann liegt es im Wesen der Frau, das Heim nicht nur praktisch zu gestalten, sondern auch zu schmücken. Die Innenarchitektur ist eine uralte Leidenschaft der Frau. So glaubt auch Doris Jonas, daß immer wiederkehrende Darstellungen in den Höhlenzeichnungen falsch gedeutet worden seien. Man findet dort vielfach das Motiv eines Beutetieres, das von einem Pfeil durchbohrt ist. Dieses wurde bisher immer so gesehen, daß der jagende Mann die Götter beschwören möchte, ihm Waidmannsheil zu wünschen. Frau Jonas sieht darin das Symbol des Todes.

Nun wollten wir in diesem Kapitel ja vom Kalender reden, das heißt vom Maß der Zeit, in dessen Ablauf sich die

Ein islamischer Vorbeter entdeckt von der Spitze eines Minaretts aus die feine Sichel des zunehmenden Mondes am Westhimmel nach Sonnenuntergang: Er verkündet den Beginn eines neuen Monats.

Menschen ja von Tag zu Tag, von Woche zu Woche, von Monat zu Monat und von Jahr zu Jahr einzurichten hatten. Für das Maß der Zeit gab es schon immer den Mond. Innerhalb eines Zeitraumes von vier Wochen – der der Zeitvorstellung des Menschen so schön entspricht – liefert dieser Himmelskörper ein sehr eindrucksvolles periodisches Schauspiel. Zu Anfang eines Monats taucht er als dünne Sichel am Himmel auf und wird dadurch neu geboren. Dann wächst er wie jedes Lebewesen. 14 Tage später erreicht er in der Phase des Vollmondes seine größte Kraft und Helligkeit. Dann beginnt seine Stärke zu erlahmen, und 14 Tage später stirbt er als dünne, gerade noch erkennbare Sichel. Wenige Tage später jedoch taucht er wieder auf.

Das ist so ein ungeheures Symbol für das Leben auf der Welt. Es wächst, es gedeiht und stirbt dann langsam. *Allerdings:* Es wird wieder geboren. Darin steckt die uralte Überzeugung der Menschheit, daß sie genauso wie der Mond unsterblich sei.

Die Frauen und der Mond verstehen einander: Sie machen den gleichen Kalender.

Der Zufall will es, daß in der deutschen Sprache zusammen mit wenigen nordischen Sprachen das Gestirn »Mond« männlich ist, während das Gestirn »Sonne« weiblich ist. Fast in allen Sprachen und Kulturkreisen der Welt ist die Sonne eine beherrschende, männliche Gottheit. Der Mond hingegen ist eine liebliche Göttin. Sie ist die »Luna« der Römer, sie ist die »Selene« der Griechen, und sie war wohl immer die beherrschende, weibliche Himmelsgöttin der Menschheit seit 100 000 Jahren. Das Symbol des Mondlaufes mit seinen immerwährenden, neuen Gestalten – wenn auch mit seinem Tod –, aber auch mit der Wiedergeburt ist ein absolut weibliches Attribut. Hinzu kommt noch die Physiologie der Frau. Vermutlich ist es nur ein Zufall, daß die Periode des weiblichen Organismus ziemlich genauso lange dauert wie die Zeit, die der Mond benötigt, die Erde zu umkreisen und seine Phasen zu durchlaufen. Das hat unsere Frauen schon seit je an den Mond gebunden. Auch wenn unseren Frauen in der langen Geschichte durch die Eiszeit hindurch viel öfter als heute ein Kind gestorben ist, dann war das nur ein Symbol des abnehmenden Mondes. Ihre Physiologie und ihre Fruchtbarkeit jedoch hatten es immer wieder zuwege gebracht, ein, zwei Jahre später genauso wie der zunehmende Mond bereits im nächsten Monat ein weiteres Kind auf die Welt zu bringen. Dieser Periodizität in der Physiologie und der nachweisbaren, neuen Fruchtbarkeit der Frau können wir Männer nichts entgegensetzen.

Nun freilich sollten wir von dem Kalender reden. Alles, was wir zuvor gesagt haben, deutet natürlich darauf hin, daß wir unsere Zeitrechnung nach dem weiblichen Monde auszurichten hätten. In ihrer gesamten, zeitlich weit überwiegenden Geschichte hat die Menschheit ihren Kalender nach dem Monde gestaltet.

Dann freilich hat der Mann sich von der Frau emanzipiert – ganz umgekehrt, wie es heute Mode geworden ist. Der Mann war der Jäger und der Ackerbauer. Er wurde Priester und Astronom und hat schließlich festgestellt, daß der Mond als Kalendermacher nichts taugt. Trotz aller Verehrung für die atavistischen Kräfte der Frau hat er dann das Heft in die Hand genommen. An dieser Stelle nun müssen wir knallhart rechnen. Die Priester-Astronomen der aufkeimenden Kulturen in Babylon, Ägypten und Griechenland haben festgestellt, daß zwölf Mond-Monate – die so schön beobachtbar sind und mit der Physiologie der Frau so schön zusammenpassen – nicht in die Länge eines Jahres hineinpassen. Die Bauern und die Jäger nämlich brauchten einen Kalender, der die Jahreszeiten von Frühling, Sommer über Herbst und Winter sauber nacheinander auflistete und maß. Zwischen einem Neumond und dem nächsten – dem fraulichen Monat – verstreichen 29,53059 Tage, also 29 Tage, 12 Stunden, 44 Minuten und 2,8 Sekunden. Wenn wir das mit den zwölf Mond-Monaten des Jahres multiplizieren, bekommen wir ein Mondjahr von rund 354 Tagen. Nun haben – im Gegensatz zu den Frauen – die Männer festgestellt, daß das Jahr, welches den Ablauf der Jahreszeiten bestimmt, etwas länger ist. Es dauert nämlich 365,2422 Tage. Die Präzision dieser Zeitangaben ist freilich typisch männlich. Andererseits haben die Männer als Bauern und Jäger einen Kalender nötig, der mit den Jahreszeiten, das heißt nach der Sonne ausgerichtet ist. Die Lösung dieses Problems hat nunmehr

Der Mond ist ein schlechter Kalendermacher, da er sehr schnell die Abzählung der Monate und der Jahreszeiten durcheinanderbringt.

**Der »Schwanger-
schaftskalender« der
Frauenärzte paßt
nicht in unseren
bürgerlichen
Kalender hinein.**

die Männer jahrtausendelang beschäftigt. Das ist eine Geschichte wert.

Als Faustregel gilt, daß ein Kind neun Monate nach der Empfängnis zur Welt kommt. Von welchen Monatslängen reden wir dann eigentlich? Wenn eine moderne Frau der Meinung ist, daß sie empfangen hat, geht sie normalerweise zu ihrem Frauenarzt. Er führt dann mit ihr bewährte Schwangerschaftstests durch; verlaufen diese positiv, dann möchte die Frau natürlich wissen, wann das Kind zur Welt kommt. Dann greift der Frauenarzt nach dem berühmten Schwangerschaftskalender und fragt die Frau nach dem Datum ihrer letzten Periode. Dann zählt er einfach 280 Tage hinzu und kann ihr auf ein paar Tage genau angeben, wann sie ihr Kind bekommt. Bei diesem ehrwürdigen Kalender allerdings wird im Schnitt ein Fehler von 14 Tagen gemacht. Beim fraulichen Rhythmus ist es so, daß etwa acht bis 14 Tage nach der Periode der sogenannte »Follikelsprung« eintritt, wobei das weibliche Ei von seiner Hülle befreit und zur Befruchtung bereitgestellt wird. Nur während dieser Tage, etwa in der Mitte zwischen zwei Perioden, kann eine Frau empfangen. Von den klassischen 280 Tagen des Schwangerschaftskalenders des Frauenarztes müssen wir also noch 14 Tage abziehen und kommen daher für die Reifezeit eines menschlichen Kindes zwischen Zeugung und Geburt auf 266 Tage. Diese Zeit wollen wir einmal durch die Länge eines Mondmonats teilen, der eine Dauer von 29,53 Tage hat. Das kann sich jeder mit einem Taschenrechner ausrechnen, was dabei herauskommt. Das Resultat ist bis auf zwei Stellen hinter dem Komma genau neun »Mondmonate«.

Schon wenige Stunden nach einer Befruchtung schaltet sich der komplexe Hormonhaushalt im Körper einer Frau ganz entscheidend um. Die Frauen merken das. Sie wissen sehr schnell, wann sie empfangen haben, und das Ausbleiben der nächsten Periode ist dann nur noch eine endgültige Bestätigung. Vom Tag der Empfängnis bis zum Tag der Geburt braucht dann eine Frau nur die Mondumläufe abzuzählen. Erstaunlich genau nach neun Mondumläufen bekommt sie ihr Kind.

Als meine Frau bemerkte, daß sie vielleicht ein Kind bekäme, habe ich ihr gesagt, daß sie auf die Mondphase achten müsse. Nicht weil ich etwa Astrologe sei – nein, ich sagte ihr, daß von nun an der Mond noch neunmal um die Erde laufen müsse, bis das Kind zur Welt käme. Und in der Tat, neun Mondmonate danach wurde unser Kind bei der gleichen Mondphase geboren. Bei der Berechnung des Geburtstages habe ich dabei überhaupt nicht unseren bürgerlichen Kalender benutzt; der Lauf der uralten Mondgöttin hat mir das Ergebnis gewiesen. An dieser Stelle muß freilich noch einmal ausdrücklich gesagt werden, daß die Rhythmen in der Physiologie der Frau ursächlich überhaupt nichts damit zu tun haben, wie lange der Mond benötigt, die Erde zu umkreisen. Das ist reiner, absoluter Zufall. Nur waren die Menschen schon seit uralten Zeiten sehr scharfe Beobachter der Himmelserscheinungen und der biologisch bedingten Perioden im Organismus ihrer Frauen. Deshalb dürfen wir uns nicht darüber wundern, daß die Menschen seit je darin eine Beziehung gesehen haben, ohne zu erkennen, daß sie einem zeitlichen Zufall zum Opfer fielen.

Der Gregorianische Kalender ist eine geniale Erfindung. Schließlich leben wir schon seit dem Jahre 1582 damit, das heißt fast 400 Jahre. Freilich ist daran noch einiges auszusetzen. Unsere Monate haben nicht die gleiche Länge und haben eine unregelmäßige Zahl von Werktagen und Sonntagen. Es gibt eine Reihe von sehr attraktiven Vorschlägen, den Kalender zu reformieren, um die Monatslängen auszugleichen und um die Quartale zu normieren. Eine detaillierte Beschreibung solcher Vorschläge freilich würde den Rahmen dieses Buches sprengen. Wir wollen ja romantisch bleiben. Auch sollten wir Männer uns dafür entschuldigen, daß wir mit der Messung der Zeit – unterteilt in Monate und Jahre – uns von dem natürlichen Zeitrhythmus der Frau emanzipiert haben.

Der Gregorianische Kalender steht am Ende einer Bemühung der Gelehrten seit Jahrtausenden, den Kalender in den Griff zu bekommen. Das Problem ist nämlich so verzwickt, daß schon seit Beginn der Menschheitskultur Könige, Priester-Astronomen, Philosophen, Staatsmänner

Die Männer emanzipieren sich von den Frauen: Sie machen ihren eigenen Sonnenkalender.

und Päpste mit diesem Problem mehr oder minder erfolgreich gerungen haben. Um diese Schwierigkeiten der Kalendermacher zu begreifen, müssen wir astronomische Daten betrachten.

Ein Kalender ist eine Tabelle, in der der Ablauf der Tage während eines Jahres abgezählt wird. Jede Kultur benötigt eine solche Ordnung als Maß der Zeit. Dabei müssen zwei natürliche Zeitmaßstäbe zueinander in Beziehung gebracht werden: der Tag und das Jahr.

In der Alltagssprache ist ein »Tag« die Zeit, in der es hell ist, das heißt die zwischen Sonnenaufgang und Sonnenuntergang verstreicht. Zum Tag allerdings rechnen wir heute auch noch die Nacht, die Zeit zwischen Sonnenuntergang und Sonnenaufgang.

Dieser Zeitraum hat auch eine ganz entscheidende biologische Bedeutung. Alle Lebewesen auf unserer Erde unterliegen diesem Tag-Nacht-Rhythmus. Das ist nicht verwunderlich, denn das ganze Leben hat sich ja mit diesem Rhythmus entwickelt.

Tag und Nacht entstehen dadurch, daß die Erde sich um ihre eigene Achse dreht und uns im Rhythmus täglich einmal wie auf einer Drehbühne vor der Sonne vorbeizieht, um uns dann auf der sonnenabgekehrten Seite etwa genauso lange in das Dunkel des Weltalls zu versenken.

Die Astronomen haben schon seit langem diesen Zeitraum genau ausgemessen. Auch haben sie ihn in 24 Teile unterteilt, die wir Stunden nennen. Die Schwankungen der Erdstellungen relativ zur Sonne jedoch führen dazu, daß – abhängig von der Jahreszeit und von dem Ort auf der Erde, auf dem man sich gerade befindet – die Längen von Tag und Nacht sehr stark schwanken können. Trotzdem dauert im Schnitt ein Tag – das heißt ein Tag und eine Nacht zusammengenommen – genau 24 Stunden. Das ist der Anker eines jeden Kalenders.

Schon seit Hunderten von Millionen Jahren hat sich das Leben auf den Ablauf der Jahreszeiten Frühling, Sommer, Herbst und Winter mit Blüte und Frucht eingerichtet. Seit Kopernikus wissen wir, daß die Erde die Sonne umrundet. Ein Jahr ist daher jene Zeitspanne, die verstreicht, bis die

Der Mensch bemüht sich um einen Sonnenkalender, der ja den Ablauf der Jahreszeiten bestimmen und ordnen soll.

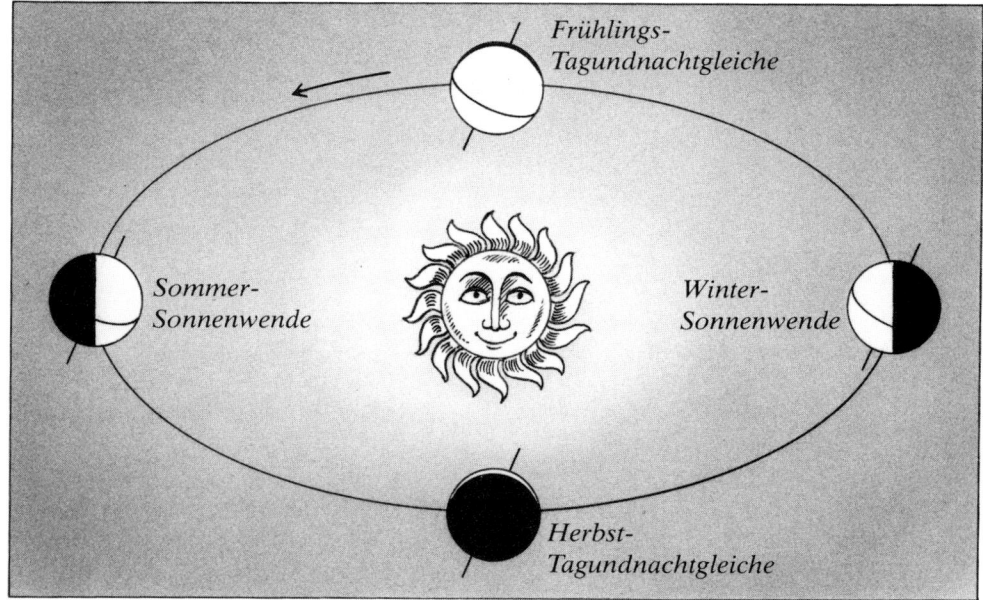

Erde auf ihrer Bahn um die Sonne genau wieder zu jenem Punkt zurückgekehrt ist, von dem sie zu Jahresbeginn aus gestartet war.

Könnten wir die Sterne neben der Sonne sehen, dann würde die Sonne genau wieder an derselben Stelle am Sternenhimmel stehen wie ein Jahr zuvor. Diese Länge des Jahres nennt man daher ein »Sternenjahr« oder mit dem astronomischen Fachausdruck ein »siderisches« Jahr. Die Länge eines siderischen Jahres beträgt 365,2564 Tage, also 365 Tage, 6 Stunden, 9 Minuten und 13 Sekunden.

Ein siderisches Jahr ist ein klein bißchen länger als die Zeit, die von einem Frühlingsbeginn bis zum nächsten verstreicht. Und der Frühlingsbeginn ist es ja, der die Jahreszeiten in unseren Kalender einordnet.

Der Frühlingsbeginn ist jener Zeitpunkt, bei dem auf unserer Erde von Pol zu Pol Tag und Nacht exakt gleich lang sind. Dieses Äquinoktium – wie man es auch nennt – tritt ein, wenn die Erde auf ihrer Bahn um die Sonne eine besonders ausgezeichnete Stellung erreicht.

Die schräge Stellung der Erdachse auf ihrer Bahnebene sorgt für wechselnde Bestrahlung der Erde während eines Jahres. Für die Nordhalbkugel herrscht Frühling (oben), Sommer (links), Herbst (unten) und Winter (rechts).

Stellen wir uns dafür eine mathematische Verbindungslinie zwischen dem Mittelpunkt der Sonne und dem Mittelpunkt der Erde vor. Für ein Äquinoktium ist es dabei erforderlich, daß die Erdachse und diese Verbindungslinie genau aufeinander senkrecht stehen. Gleichzeitig hat die Erde dann eine solche Position, daß die Ebene der Schattengrenze zwischen der beleuchteten und der unbeleuchteten Erdhälfte – als Schnitt durch die ganze Erdkugel hindurch – die Erdachse einschließt.

Die Rotationsachse der Erde steht nun aber nicht senkrecht auf der Ebene der Erdbahn um die Sonne. Außerdem führt die Achse noch eine Kreiselbewegung aus, die diese Position im Laufe der Jahrhunderte und Jahrtausende langsam ändert. Dadurch kommt es zustande, daß die Erde diese kritische Äquinoktiumstellung jedes Jahres um etwa 20 Minuten und 27 Sekunden früher erreicht, als es der Länge eines siderischen Jahres entspricht.

Das ist ein wichtiger Unterschied im Maß des Jahres. Wenn man auf die Jahreszeiten Wert legt, braucht man sich um das siderische Jahr überhaupt nicht zu kümmern. Das ist nur für Astronomen interessant. Wir als Lebewesen auf dieser Erde wollen nur wissen, wann nach Ablauf eines Jahres, das heißt nach wieviel Tagen, der nächste Frühling beginnt.

Für jeden Kalendermacher ist also jener Zeitraum interessant, der verstreicht, bis die Sonne von einer Frühlingsstellung bis zur nächsten Frühlingsstellung genau so wieder am Himmel steht. Die Länge dieser Zeitspanne nennt man ein »tropisches Jahr«.

Das tropische Jahr ist etwas kürzer als das siderische Jahr. Seine Länge beträgt 365,2422 Tage, also 365 Tage, 5 Stunden, 48 Minuten und 46 Sekunden. Für die Kalendermacher hat sich daher seit je die Aufgabe gestellt, die Abzählung der Tage mit dem tropischen Jahr in Einklang zu bringen.

Wir dürfen uns nicht darüber wundern, daß diese beiden Zahlen so krumm sind, denn der Tag – die Rotation der Erde um ihre eigene Achse – und das Jahr – der Umlauf der Erde um die Sonne unter Berücksichtigung ihrer Kreiselbewegung – haben astronomisch überhaupt nichts miteinander zu

Das Problem der Kalendermacher seit je: Die Länge des Jahres, des Monats und des Tages passen nicht zusammen. Wenn man sie vergleicht, kommen ganz krumme Zahlen heraus.

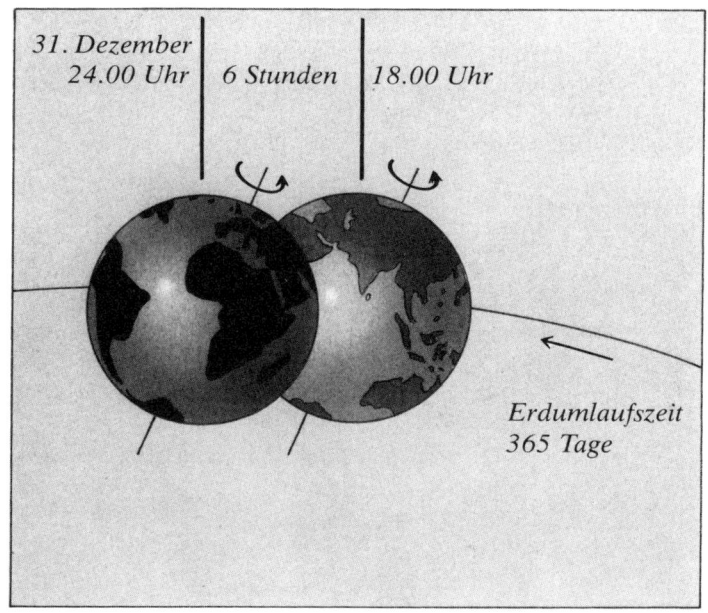

31. Dezember
24.00 Uhr | 6 Stunden | 18.00 Uhr

Erdumlaufszeit
365 Tage

Wenn die Erde nach Vollzug einer Umrundung der Sonne wieder am selben Punkte ihrer Bahn angekommen ist, war das Jahr abgelaufen; dann ist es aber noch nicht Mitternacht, sondern rund sechs Stunden früher. Wenn dann um 24 Uhr des 31. Dezember das nächste Jahr beginnt, sind es beim Jahreslauf der Erde sechs Stunden zuviel. Diese Differenz wird durch die Schalttage alle vier Jahre ausgeglichen.

tun. Es wäre ein ungeheurer Zufall, wenn diese beiden Zahlen etwa ineinander aufgingen. Die Sorgen der Kalendermacher, die sich nach der Sonne ausrichteten, haben sich daher seit fast 4000 Jahren um diese elenden Stellen hinter dem Komma (0,2422) gedreht.

Schon seit dem Beginn der Menschheitskulturen haben sich die Kalendermacher eines anderen Zeitzeichens am Himmel bedient: des Mondes. Der Mond ist schließlich neben der Sonne das auffallendste Gestirn am Himmel. Nicht nur ist er am Tage sichtbar, seine Lichtfülle reicht auch während der Nacht nicht ganz aus, die Sterne hinter ihm zu überstrahlen. So kann man ihn am Himmel sehr genau lokalisieren.

Hinzu kommt noch, daß der Mond im Laufe von knapp 30 Tagen einen so schönen Phasenwechsel durchläuft: Von der zunehmenden Sichel führt er über den Halbmond zum Vollmond und über den abnehmenden Halbmond und die abnehmende Sichel wieder zum Neumond zurück. Damit hat die Natur der Menschheit einen bestechenden Zeitgeber

**Wenn auch der
Mond für einen
Jahreskalender nicht
viel taugt – er hat uns
dennoch die Woche
und den Monat
gegeben.**

geschaffen, dem wir den Monat und auch die Woche verdanken.

Die Länge eines Jahres von rund 365 Tagen ist für uns Menschen ein wenig zu lang, um als Einheit in unserem Zeitgefühl zu dienen. Unser Mond teilt das nun sehr geschickt ein: nämlich in zwölf Monate und jeden Monat noch einmal viergeteilt in die sieben Tage der Woche durch seine Phasen Neumond, zunehmender Halbmond, Vollmond und abnehmender Halbmond. Das ist der Grund, weshalb unsere alten Kalendermacher sich zunächst auf den Mond gestützt haben, mit dem sie den Ablauf der Tage maßen.

Zuvor hatten wir schon erwähnt, daß die Rotationszeit der Erde mit ihrer Umlaufzeit um die Sonne astronomisch überhaupt nichts zu tun hat. Da kann es jedes Verhältnis geben. Das gleiche gilt auch für den Mond. Seine Umlaufzeit um die Erde, also die Zeit, die er benötigt, um als Neumond wieder zur Sonne zurückzukehren, ist überhaupt nicht an die Länge des Tages oder Jahres gebunden. So dürfen wir uns auch hier nicht wundern, daß diese Mondperioden mit dem Tag und dem Jahr überhaupt keine glatten Verhältnisse bilden.

Zwischen einem Neumond und dem nächsten verstreichen 29,53059 Tage, also 29 Tage, 12 Stunden, 44 Minuten und 2,8 Sekunden. Das ist ein echter »Mondmonat«. Schon die Kalendermacher des Altertums haben herausbekommen, daß zwölf solcher Mondmonate etwa in ein Jahr hineinpassen. Sie haben zunächst einen Mondkalender gemacht, wobei ein jeder Monat mit dem Tag begann, an dem man am Horizont des Abendhimmels zum erstenmal die feine Sichel des Mondes gerade wieder erkennen konnte.

Noch heute wird der Beginn eines jeden Monats in den arabischen Ländern von dem Turm einer Moschee ausgerufen, wenn der Vorbeter die zarte Sichel des neuen Mondes am Horizont des meist klaren Abendhimmels der Wüste erkennt. Das macht man nun zwölfmal im Jahr.

Da der Mondmonat jedoch etwa 29½ Tage lang ist, mußte man mit diesem halben Tag fertig werden. Das erreichte man relativ einfach, indem man sechs Monaten im Jahr 29 Tage zuteilte und den anderen sechs Monaten die Länge von 30 Tagen gab. Das ergab dann ein Mondjahr von zwölf Monaten mit insgesamt 354 Tagen.

Allerdings kommt man dann mit dem Sonnenjahr – das heißt mit dem Ablauf der Jahreszeiten – sehr schnell ins Gehege. Zwölf Mondmonate – nach den Phasen des Mondes abgezählt – ergeben nämlich nur 354,3671 Tage im Jahr. Es fehlen also noch knapp elf Tage, um das Jahr zu vollenden. Um diese elf Tage also verschiebt sich im Schnitt ein Mondkalender gegenüber dem Sonnenlauf, der ja die Jahreszeiten bestimmt.

Nun sind alle alten Kulturen landwirtschaftliche Zivilisationen gewesen, und die Bauern brauchten einen Kalender, nach dem sie sinnvoll säen und ernten konnten. Wegen der Differenz von etwa elf Tagen mußte man alle drei Jahre einen ganzen Schaltmonat einführen, damit der Mondkalender den Jahreszeiten nicht davonlief. Natürlich stimmte das auch nicht genau, so daß im frühen Altertum mit der Zeitrechnung ein ziemliches Durcheinander herrschte.

Die Juden und die Araber haben heute noch einen Mondkalender. Um ihre Monate über die Jahre hinweg mit den Jahreszeiten des Sonnenlaufes in Einklang zu halten, müssen sie – wie gesagt – etwa alle drei Jahre einen ganzen Schaltmonat einfügen. Aus diesem Grund sind die jüdischen Jahre in nicht sehr regelmäßigen Abständen verschieden lang. Jüdische Jahre können 353, 354, 355, 383, 384 oder 385 Tage lang sein.

Die Araber und die Juden haben immer noch einen unpraktischen Mondkalender, den sie nur mühsam mit unserem heutigen Weltkalender koordinieren können.

Das ist auch der Grund dafür, weshalb die jüdischen Fciertage in unserem westlichen Kalender so völlig regellos hin und her tanzen. Den Arabern geht es nicht besser. Diese Völker mögen ihre religiösen Gründe haben, ihren seit jeher überlieferten Kalender beizubehalten. Praktisch ist er jedoch nicht. Nicht umsonst gibt es heute noch den Spruch: »Du rechnest wohl nach dem Mond.«

Heute sind wir es gewohnt, daß wir alle einen Jahreskalender in der Tasche haben, oder ein Kalender hängt an der Wand, von Firmen oder Banken mit schönen Bildern geschmückt. Die breiten Volksschichten des Altertums und des Mittelalters hatten eigentlich keinen Kalender gebraucht. Sie lebten – mehr als wir heute – von einem Tag in den anderen, und es kam ihnen eigentlich nur darauf an, wann Feiertage angekündigt wurden. Aus diesem Grunde war die Betreuung des Kalenders während dieser Zeit nur für Priester und Staatsoberhäupter von Interesse.

Gleichzeitig allerdings auch haben sich Astronomen immer wieder für das Maß der Zeit interessiert. Jahrhundertelang haben sie mit dem Problem »Mondkalender oder Sonnenkalender« gekämpft. Jahrtausendelang hat das Volk den Kalender an den Mondphasen abgelesen. Andererseits hatten die Bauern sich immer nach den Jahreszeiten, das heißt nach dem Sonnenlauf gerichtet.

Einem klugen griechischen Philosophen, Meton, gelang eine sehr gerissene Kombination eines Mond- und eines Sonnenkalenders.

Eine geniale Synthese zwischen einem Mondkalender und einem Sonnenkalender gelang schließlich im Jahre 432 v. Chr. dem griechischen Philosophen Meton. Er hatte nämlich erkannt, daß 19 tropische Jahre ziemlich genau 235 Mondmonaten entsprechen. Die Differenz beträgt nur etwa zweieinhalb Stunden.

Auf dieser Erkenntnis beruhten dann die Kalender, die fast 400 Jahre in Gebrauch waren, die sogenannten Lunisolar-Kalender. Danach haben sich auch die jüdischen und arabischen Kalender eingerichtet.

Nach Meton müssen zusätzlich im Laufe von 19 Jahren sieben Monate eingeschaltet werden. Wegen der mathematischen Genauigkeit des »Zyklus von Meton« läßt sich in der Tat auch über Jahrhunderte hinweg ein recht brauchbarer Lunisolar-Kalender aufbauen, wie die heute noch gültigen jüdischen und arabischen Kalender beweisen.

Trotzdem haben diese Länder wegen der ärgerlichen Schaltmonate vielleicht doch keine rechte Freude daran. Die Öffentlichkeit dort versteht ihren Kalender nicht, so wie wir den unsrigen kennen und mit ihm vertraut sind.

Die Abstammung unseres heutigen Kalenders geht zurück auf das alte Rom. Die Römer hatten ja immer schon eine Fixation auf das Gründungsjahr ihrer Stadt, das sie nach unserem heutigen Kalender auf das Jahr 753 v. Chr. zurückführten. So waren sie sehr darauf bedacht, ihren Kalender mit diesem Jahr beginnen zu lassen.

Allerdings klappte das nicht. Der altrömische Staatsmann Numa führte im Jahre 717 v. Chr. einen Mondkalender ein von 355 Tagen mit zwölf festen Monaten. Wir hatten zuvor ja schon gesehen, daß ein solches Mondjahr mit den Jahreszeiten nicht aufgeht. Aus diesem Grunde hatte Numa verfügt, daß alle zwei Jahre nach dem Fest der Terminalien, am 23. Februar, ein Schaltmonat eingeführt wurde. Diesem Monat hat man einen besonderen Namen gegeben: Mercedonius. Er hatte abwechselnd 22 und 23 Tage.

Vier aufeinanderfolgende Jahre hatten demnach $4 \times 355 + 22 + 23 = 1465$ Tage. Offenbar muß Numa schlecht beraten gewesen sein: Die durchschnittliche Jahreslänge nach seinem Kalender betrug 366,25 Tage. Da war ein Tag zuviel pro Jahr.

In der Hochblüte des Römischen Reiches im letzten Jahrhundert vor Christus hatte sich dieser Fehler zu einer ziemlich großen Diskrepanz aufsummiert. Die Abweichung zwischen dem Kalender und dem tropischen Jahr war während dieser sieben Jahrhunderte bereits auf 67 Tage angewachsen. Der Frühlingsbeginn fiel damals bereits in die erste Dekade des Januar.

Dem hat Julius Cäsar abgeholfen. Es bedurfte des Status dieses großen Staatsmannes, um so etwas durchzusetzen. Im Jahre 46 v. Chr. hat er den Kalender total reformiert. Er verfügte, daß dieses Jahr insgesamt 445 Tage lang sein sollte. Das hat natürlich eine ziemliche Aufregung verursacht, und man nannte dieses Jahr das Jahr der Verwirrungen.

Zwei antike Wissenschaftler, der alexandrinische Astronom Sosigenes und der römische Gelehrte Scriba M. Flavius, haben Cäsar einen für die damalige Zeit sehr patenten Vorschlag gemacht, um den Kalender in Ordnung zu bringen. Diese beiden klugen Berater von Cäsar hatten erkannt, daß man die lästigen Schaltmonate gar nicht braucht.

Sie hatten herausgefunden, daß man einen anständigen Kalender machen kann, indem man in jedem vierten Jahr einen Tag hinzufügt – den Schalttag. Den haben wir heute noch, den 29. Februar eines jeden vierten Jahres, das durch vier teilbar ist. Das ist der berühmte Julianische Kalender.

Der römische Staatsmann Julius Cäsar setzt sich durch und führt die schon lange bekannte Erfindung des Schalttages ein, der alle vier Jahre eingeschoben wird.

Eine weitere wichtige Neuerung brachte dieser Julianische Kalender: Er hat den Mond als Zeitmesser völlig hinausgeworfen. Die Monate des Julianischen Kalenders hatten mit dem Mondlauf überhaupt nichts mehr zu tun. Das ist der Grund, weshalb sich die Phasen des Mondes während des Ablaufs eines jeden Monats allmählich verschieben.

Wir heutigen Menschen merken das überhaupt nicht mehr, wenn der Vollmond auf den achten oder auf den 27. Tag eines Monats fällt. Nur die Juden und die Araber haben noch einen Mondkalender mit dem ganzen Ärger, ihren eigenen Kalender mit dem Kalender der übrigen Welt zu koordinieren.

Sosigenes und Flavius, die Berater von Cäsar haben trotzdem einen Fehler gemacht: Wenn sie alle vier Jahre einen Schalttag einführten, so haben sie damit die durchschnittliche Länge des Jahres auf 365,2500 Tage festgelegt. Ein tropisches Jahr jedoch ist leider etwas kürzer. Seine Länge beträgt 365,2422 Tage.

Dieser kleine Fehler in der dritten und vierten Stelle hinter dem Komma führt immerhin dazu, daß alle 128 Jahre sich der Frühlingsbeginn im Kalender um einen Tag nach vorne verschiebt.

Im Jahre 325 n. Chr. fand das Konzil von Nicäa statt. In der Zwischenzeit hatte sich die katholische Kirche des Kalenders bemächtigt, wobei sie den von Cäsar reformierten Kalender übernahm. Das war immerhin fast 400 Jahre später. Jener Fehler in der dritten und vierten Stelle hinter dem Komma hatte sich damals schon wieder auf drei Tage aufsummiert, so daß der Frühlingsbeginn vom 24. März bereits auf den 21. März vorgerutscht war.

Hier taucht die interessante Frage auf, wieso nach dem Julianischen Kalender im Jahre 46 v. Chr. der Frühlingsbeginn auf den 24. März fiel: Das war eine letzte Reverenz, die Cäsar dem klassischen Mondkalender zubilligte. Er hatte damals den 1. Januar des Jahres 45 v. Chr. – mit dem er seinen neuen Kalender verfügte – so eingerichtet, daß dieses Jahr und dieser Monat mit einem Neumond begann. Der Umlauf des Mondes in jenem Jahr war nun so, daß der nächste Frühlingsbeginn auf den 24. März fiel.

Ein Jahr ist um einen Vierteltag länger als 365 Tage, so daß sich der Beginn eines jeden Tages – wie etwa des 1. März – langsam in der Weltzeit nach links verschiebt (Bild oben). Schaltet man alle vier Jahre einen 29. Februar ein, so wird die Tagesfolge in der Weltzeit wieder zurechtgerückt. Vier Jahre später steht der 1. März wieder an der richtigen Stelle.

Das gleiche gilt für den 21. März, den Tag des Frühlingsbeginns (unten); auch er wird alle vier Jahre wieder an die richtige Stelle geschoben.

Nach den knapp 400 Jahren zwischen der Kalenderreform von Cäsar und dem Konzil von Nicäa fiel der Frühlingsanfang also auf den 21. März. Bei diesem Konzil schon hatten die Kirchenväter die Absicht, den Kalender zu reformieren, wobei sie jene dritte und vierte Stelle hinter dem Komma loswerden wollten. Sie haben es aber nicht geschafft. Zu ihrer Zeit existierte kein versierter Astronom, der sie hätte beraten können. So ließ man den Julianischen Kalender durch die nächsten Jahrhunderte weiterlaufen.

Im 16. Jahrhundert war dieser Fehler von Sosigenes und Flavius bereits auf 13 Tage angewachsen. Wiederum war der Kalender mit dem Beginn der Jahreszeiten in Unordnung geraten. Bereits im Jahre 1474 hatte der deutsche Mathematiker und Astronom Regiomontanus dem Papst Sixtus IV. eine Korrektur des Kalenders vorgeschlagen. Der frühzeitige Tod des Gelehrten jedoch hat die Kalenderreform um mehr als 100 Jahre verzögert.

Ein Jahrhundert später berief Papst Gregor XIII. eine Kommission, zu welcher der Bamberger Mathematiker Clavius, der Spanier Petrus Ciaconius, der Italiener Ignatio Danti und der Kardinal Sirtelli gehörten, welche die von dem Italiener Luigi Lilio vorgeschlagene Reform, den Gregorianischen Kalender, empfahl.

Bei dieser Kalenderreform handelte es sich in erster Linie darum, den Fehler in der dritten und vierten Stelle hinter dem Komma zu berichtigen. Dazu kamen die Berater des Papstes Gregor XIII. auf die einfache Idee, daß man alle 100 Jahre einen im Julianischen Kalender vorgesehenen Schalttag wegläßt. Das muß man jeweils 300 Jahre hintereinander machen. Nachdem 400 Jahre verstrichen sind, muß ein volles Jahrhundert dennoch ein Schaltjahr sein. Die Regeln des Gregorianischen Kalenders lauten demnach:

1. Regel: Jedes Jahr, dessen letzte zwei Ziffern durch vier teilbar sind, ist ein Schaltjahr. Der Februar eines solchen Jahres hat statt 28 dann 29 Tage.

2. Regel: Jedes volle Jahrhundert-Jahr ist kein Schaltjahr, obwohl seine letzten zwei Ziffern durch vier teilbar sind. Nach dieser Regel waren die Jahre 1700, 1800 und 1900 keine Schaltjahre.

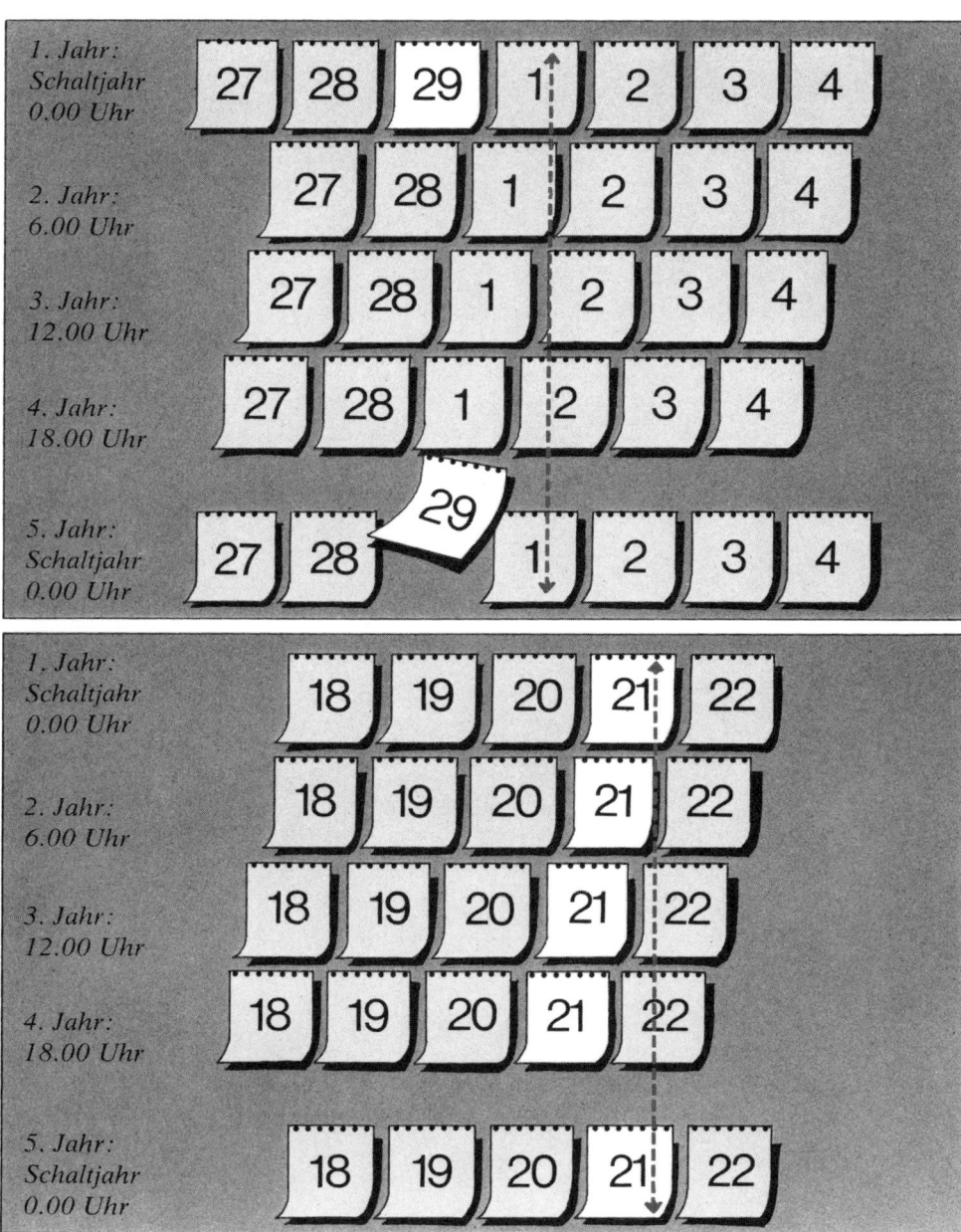

3. Regel: Im Gegensatz zu Regel 2 sind Jahrhundert-Jahre, deren erste beiden Ziffern durch vier teilbar sind, dennoch Schaltjahre, zum Beispiel die Jahre 1600, 2000 und 2400.

Das war ein ganz genialer Entwurf, dem wir heute noch nach knapp 400 Jahren unseren Respekt zollen müssen; denn der Fehler zwischen dem tropischen Jahr und dem mittleren Jahr des Gregorianischen Kalenders ist nur noch winzig klein.

Er läßt sich leicht ausrechnen, wenn man die Tage von 400 Gregorianischen Jahren durch 400 teilt. Man erhält so ein mittleres Gregorianisches Jahr: 400 mal 365 Tage ergeben 146 000 Tage. Dazu kommen für drei Jahrhunderte je 24 Schalttage, also 72 Tage. Das vierte Jahrhundert hat 25 Schalttage. Die Summe beträgt nun 146 097 Tage. Diese Zahl geteilt durch 400 ergibt 365,2425 Tage als die Länge eines mittleren Gregorianischen Jahres.

Wenn schon, denn schon: Papst Gregor XIII. hat für die nächsten Jahrhunderte Ordnung im Kalender geschaffen.

Dieser Wert sitzt nun ganz dicht an der Länge des tropischen Jahres von 365,2422 Tagen. Nur 0,0003 Tage trennen beide. Erst nach etwa 3300 Jahren summiert sich diese Unstimmigkeit in der vierten Stelle hinter dem Komma zu einem ganzen Tag auf, so daß man durch den Fortfall eines Schalttages den Gregorianischen Kalender wieder für weitere 3300 Jahre mit den Jahreszeiten in Ordnung hält.

Bei seiner Kalenderreform im Jahre 1582 jedoch hat Papst Gregor XIII. noch eine weitere Ungereimtheit des alten Julianischen Kalenders beseitigt. Seit dem Jahre 45 v. Chr. nämlich war bis zu seiner Zeit der Frühlingsanfang vom 24. März auf den 11. März vorgerutscht. Auch das wollte er in Ordnung bringen.

Nun hatten wir zuvor schon gesehen, daß die Kirchenväter des Konzils von Nicäa im Jahre 325 n. Chr. den Julianischen Kalender gern reformiert hätten, da seit Julius Cäsar bis zum Konzil der Frühlingsbeginn vom 24. März auf den 21. März im Kalender gewandert war.

Umgekehrt haben die Kirchenväter von Nicäa den Wunsch gehabt, den Frühlingsanfang auf den 21. März festzulegen, wo er zu ihrer Zeit, Anfang des 4. Jahrhunderts, lag. Bei seiner Kalenderreform hat Gregor XIII. daher den alten Kirchenvätern mehr als 1000 Jahre vor seiner Zeit die Reverenz erwiesen, ihnen im Nachhinein diesen Wunsch zu erfüllen: Er hat dafür gesorgt, daß der Frühlingsbeginn auf den 21. März fällt.

Dazu allerdings mußte Gregor XIII. volle zehn Tage in der Versenkung der Geschichte verschwinden lassen.

Kraft seiner päpstlichen Macht hat er daher verfügt, daß dem Donnerstag, dem 4. Oktober 1582, unmittelbar der Freitag, der 15. Oktober 1582 zu folgen hätte. Damit ist es ihm gelungen, zusammen mit seinen neuen Regeln den Frühlingsbeginn für mehrere Jahrtausende auf den 21. März zu fixieren, wie es die Kirchenväter des Konzils von Nicäa vorhatten.

Seit Gregor XIII. fällt der Frühlingsanfang immer auf den 21. März eines jeden Jahres.

Die Menschen der damaligen Zeit waren zwar in solchen Dingen der päpstlichen Autorität untertan. Viele freilich haben geglaubt, daß ihnen der Papst zehn Tage ihres Lebens geraubt hätte, obwohl er doch nur die Abzählung der Tage geändert hatte.

Vom Orion zum Südhimmel

Über eine ganze Reihe von Sternbildern haben wir bisher noch gar nicht gesprochen, da sie außerhalb des Tierkreises liegen oder etwas weiter entfernt vom Nordpol des Himmels zu finden sind. Zu diesen Sternbildern gehört vor allem der prachtvolle Orion mit seinen beiden Hunden, welche unseren dunklen Winterhimmel zieren. Auch das bekannte »Sommerdreieck« – bestehend aus den auffallenden Sternbildern des Schwanzs, des Adlers und der Leier – haben wir noch nicht erwähnt. Sodann haben wir überhaupt noch nicht über die Sternbilder des südlichen Himmels geredet, welche jede Nacht über den Köpfen unserer Antipoden leuchten. Dazu gehören vor allem das berühmte Kreuz des Südens sowie das riesige Sternbild des Schiffes Argo und der Zentaur. Sodann ist natürlich unsere Milchstraße eine so leuchtende Erscheinung am Himmel, daß die Menschen aller Kulturkreise sie als eine Illustration für ungezählte Sagen und Märchen verwendet haben.

Der gewaltige Jäger Orion bekämpft mit seiner Kupferkeule einen wütenden Stier.

Beginnen wir einmal mit dem Orion. Der griechischen Sage nach war er ein gewaltiger Jäger, der die Gefilde Kleinasiens – die damals noch reich bewaldet waren – durchstreifte. Kein jagdbares Tier, sei es Groß- oder Kleinwild, war vor seinen Jagdlisten sicher. So hatte er sich aus dem Fell eines Löwen einen undurchdringlichen Schild gebaut, mit dem er sich vor den Angriffen wilder Tiere schützte, die er vielfach mit seiner kupfernen Keule erlegte. Bei seinen Jagdzügen durch die damals noch dichten Wälder begleiteten ihn seine beiden treuen Hunde – der große und der kleine Hund.

So ließ es sich nicht vermeiden, daß er eines Nachts der Göttin der Jagd, Diana, begegnete. Dieses sportliche Mädchen war eine Tochter des Göttervaters Zeus und eine Schwester des Sonnengottes Apollo. Das Geschwisterpaar teilte sich in die Aufgabe, den Menschen auf Erden die Welt zu erleuchten. Jeden Tag fuhr der Sonnengott in seinem Feuerwagen über den Himmel und bescherte ihnen das Tageslicht. Des Nachts jedoch lenkte die Mondgöttin Diana ihre silberne Kutsche über den Himmel, um den Menschen auch während der Nacht Licht zu spenden.

Die griechische Sage weiß zu berichten, weshalb es einmal im Monat mondlose Nächte gibt.

Nun freilich war Diana auch eine passionierte Jägerin, so daß sie öfter ihre Pflichten versäumte. Eine Woche in jedem Monat ließ sie ihre silberne Kutsche in der Remise stehen und begab sich auf die Pirsch. Damit ist in entzückender Weise erklärt, weshalb der Mond uns zur Neumondphase als Nachtleuchte in regelmäßigem Rhythmus im Stich läßt.

Eines Nachts hatten es Orion und Diana auf denselben Zwölfender abgesehen, so daß sie sich begegneten. Beiderseits war es Liebe auf den ersten Blick. Schließlich – was gibt es Schöneres, als wenn man ein gemeinsames Hobby mit einer romantischen Liebe verbinden kann. Die beiden trafen sich jede Nacht, während die silberne Mondkutsche der Diana in der Garage blieb und die Menschen monatelang durch die stockdunkle Nacht stolpern mußten.

Der Sonnengott, Dianas Bruder Apollo, war deswegen auf seine Schwester sauer; hatte er doch in der Zwischenzeit auch nicht eine seiner Tagesschichten versäumt. So wollte er seinem Ärger Luft machen. Eines Abends, kurz vor Sonnenuntergang, entdeckte Apollo den Jäger Orion, wie er in der Brandung des Meeres badete. Voller Zorn schleuderte er einige besonders helle Sonnenblitze in die Augen des Orion, so daß dieser an den Strand taumelte und dort geblendet niederfiel. Dann zeigte er seiner Schwester Diana die niedergestreckte Form des Orion, der soweit weg war, daß Diana ihren Geliebten nicht erkannte. Apollo reizte nun seine Schwester mit der Behauptung, daß sie dieses ferne Ziel ganz bestimmt nicht treffen könne. Voller Stolz holte sich Diana einen ihrer silbernen Pfeile aus dem Köcher, zog ihren goldenen Bogen ganz durch, zielte, ließ den Pfeil fliegen und traf Orion mitten ins Gesicht.

Als sie mit Einbruch der Nacht ihren Geliebten suchte und ihn schließlich fand, war sie untröstlich. Sie ging zu ihrem Vater Zeus mit der Bitte, ihr den geliebten Orion doch wieder zum Leben zu erwecken. Da Orion jedoch ein Sterblicher war, konnte auch Zeus diese Bitte nicht erfüllen. Nun ist andererseits bekannt, daß Väter für ihre Töchter immer schon ein besonders weiches Herz gehabt haben. Zeus hatte ja die Gewalt, Götter, Halbgötter und auch sterbliche Menschen zu verstirnen. Von diesem Recht hatte

Die beiden Geliebten Orion und Diana gehen öfter zusammen auf die Pirsch. Ihr Bruder Apollo veranlaßt Diana mit einem Trick, ihren Geliebten Orion zu erschießen.

Wenn Götter Familienstreit haben, so wird das gleich im Sternen-Journal des Himmels veröffentlicht.

Zeus selber ja schon – wie wir zuvor gesehen haben – gelegentlich Gebrauch gemacht. Wir wissen ja, daß es den Göttern auf dem Olymp in ihrem Establishment manchmal etwas langweilig wurde. So haben alle Götter und Göttinnen immer wieder von ihrer Allmacht Gebrauch gemacht, um auf Erden wandelnd auf Abenteuer auszugehen. Meist waren das Liebesabenteuer. Dem alten Herrn alleine werden insgesamt 115 uneheliche Kinder nachgesagt. Vielleicht war es sein schlechtes Gewissen, daß er eine ganze Reihe dieser unehelichen Kinder oder auch ihre Mütter als Sterne in den Himmel versetzte. Das hatten wir zuvor ja schon gesehen.

Nun war Zeus etwas in der Klemme, als ihm die tränenreiche Diana die List ihres Bruders Apollo verpetzte. Denn ihm als Chef hatte es nicht gefallen, daß schon seit Monaten in Götterkreisen gemunkelt wurde, Diana hätte etwas mit einem Sterblichen und habe dabei ihre Pflichten als Mondgöttin vernachlässigt. Zum Trost für seine schöne Tochter fiel ihm jedoch eine Lösung ein: Er übertrug Diana das Recht, Orion zu verstirnen. Bei einer ihrer nächtlichen Reisen über den Himmel nahm Diana ihren toten Geliebten mit hinauf ans Firmament. Auch seine zwei Lieblingshunde nahm sie mit. Diana versetzte den Orion und seine beiden Hunde an die dunkelste Stelle des Winterhimmels und stattete diese Sternbilder mit einer ganzen Handvoll besonders heller Sterne aus. So haben wir seit jener Zeit die rotleuchtende Beteigeuze, den linken Schulterstern des Orion; wir haben den weißblauen Rigel, den linken Fuß des großen Jägers. Seinen Jagdgürtel schmückte sie mit drei auffallenden Diamanten: drei grellweiße Sterne zweiter Größe. Es sind dies die berühmten Gürtelsterne des Orion, die gleich hell und in gleichem Abstand eine gerade Linie bilden: eine der auffälligsten Konfigurationen an unserem Sternenhimmel. Seinen Schild mit dem Löwenfell und seine kupferne Keule stellte sie durch geschwungene Wolken von schwachen Sternen dar. Nur seinen armen zerschossenen Kopf konnte sie nicht nachbilden; deshalb hat das Sternbild des Orion kein Haupt.

Auch seine beiden treuen Hunde hat sie ausgezeichnet. Der kleine Hund besitzt ebenfalls einen Stern erster Größe: Prokyon. Der große Hund schließlich besitzt als Auge den hellsten Stern des Himmels überhaupt: Sirius. Weil dieser Stern so hell ist, haben auch andere Völker unabhängig von der Liebesaffäre von Orion und Diana damit phantasiert. Der Stern Sirius hieß bei den alten Ägyptern »Sothis«, die Göttin der Fruchtbarkeit, die dann des Morgens vor der Sonne aufging, wenn die fruchtbringenden Fluten des Nils anstiegen.

Die schöne Diana hat mit dieser Sternenpracht, die sie just an einer dunkelsten Stelle des Wintersternhimmels anbrachte, auch ihrem Bruder Apollo eins ausgewischt. Noch heute bewundern die Menschen den Glanz des nördlichen Wintersternhimmels als Konkurrenz zu den Strahlen der Sonne.

Zu den Sternen erster Größe des Winterhimmels zählt auch noch die schöne Capella, der hellste Stern im Sternbild des Fuhrmannes. Leider berichtet die Sage nichts darüber, weshalb man dieses Sternbild so gedeutet hat. Man sieht dort weder einen Wagen, noch ein Zugtier und schon gar nicht einen Fuhrmann. Besser vielleicht ist es, einfach den Namen dieses Sternes zu nehmen. Er bedeutet nämlich eine »Ziegenmutter«, die mit ihren Zicklein die Himmelsweide abgrast.

Wie dem auch sei, die hellen Sterne unseres Winterhimmels bilden ein gewaltiges Halsband von Diamanten. Im Norden beginnend mit Capella, fahren wir im Uhrzeigersinn über Aldebaran im Stier in einem riesigen Oval weiter über Rigel im Orion zum Sirius im großen Hund; dann zurück über Prokyon und die beiden Zwillinge Castor und Pollux zur Capella. In der Mitte steht der rote Rubin Beteigeuze. Diese riesige Sterngruppe mit insgesamt acht von den 20 Sternen erster Größe des ganzen Himmels ist eine der prächtigsten Gegenden unseres Sternenhimmels. Damit ist es der Göttin Diana wirklich gelungen, den Neid ihres Bruders Apollo zu erregen.

Das vielleicht schönste Sternbild unseres Sommerhimmels ist der Schwan. Mit weitausgebreiteten Flügeln und mit

Unser Wintersternhimmel bildet ein Halsband von Diamanten, in dem nicht weniger als acht der 20 hellsten Sterne vereinigt sind.

Phaeton, der junge Sohn des Sonnengottes Apollo, rast ohne Wissen seines Vaters mit dessen Sonnenwagen über den Himmel; er stürzt ab.

seinem langen Hals, geschmückt mit dem hellen Schwanzstern Deneb ist er ein majestätisches Sternbild. Der Stern Deneb bildet mit der Wega in der Leier und dem Stern Atair im Adler das berühmte Sommerdreieck, das, riesig und rechtwinklig, die kurzen Nächte zwischen Juni und September schmückt.

Über den Schwan gibt es auch eine sehr typische Geschichte aus dem alten Griechenland. Unser Sonnengott Apollo hätte sich über die Liebesaffäre seiner Schwester Diana mit dem Jäger Orion eigentlich überhaupt nicht so sehr erheben dürfen. Auch er hatte sich eines Tages mit einer schönen Sterblichen eingelassen – ein Verhältnis, das

nicht ohne Folgen blieb. Der Halbgott Phaeton wurde geboren als göttlicher Halbbruder von einigen sterblichen Geschwistern.

Als Teenager kam Phaeton eines Tages zu seiner Mutter und verlangte von ihr den Beweis, daß sein Vater wirklich ein Gott sei. Da er auf einem Beweis bestand, blieb der armen Mutter nichts anderes übrig, als den Jungen zu seinem Vater Apollo zu schicken. Phaeton unternahm eine Reise nach Indien – dort, wo der Sonnengott Apollo täglich mit seinem Sonnenwagen seine Reise über den Himmel antrat. Apollo war offenbar gerade guter Laune und erkannte den jungen Mann als seinen Sohn an. Als Beweis

Cygnus birgt die Leiche seines ertrunkenen Bruders Phaeton.

Auch im Altertum schon gab es Unheil, wenn sich ein Teenager ohne Führerschein ans Steuer setzte.

für die Vaterschaft verlangte Phaeton von Apollo die Erfüllung eines Wunsches, den ihm sein Vater gewährte. Apollo erschrak jedoch sehr, als der junge Phaeton von seinem Vater verlangte, einen Tag lang den Sonnenwagen über den Himmel steuern zu dürfen. Damit wollte Phaeton seinem Teenager-Club so richtig imponieren.

Obwohl ihm Apollo dringend davon abriet, mußte er sein Versprechen halten. Als dann in den Morgenstunden das Sonnentor aufgerissen wurde, stürmte der junge Phaeton mit dem Sonnenwagen über den Himmel. Bald jedoch verlor er die Führung, da die Sonnenrosse sofort bemerkten, daß nicht der Meister Apollo die Zügel hielt. Sie stürmten davon – und auf der Höhe des Bogens rasten sie dann zügellos dem Westhorizont entgegen. Der Göttervater Zeus, der diese Unordnung am Himmel sofort bemerkte, wollte dem Unheil Einhalt gebieten. Die flammende Sonne hatte schon die Wolken angesengt, Wälder in Brand gesetzt und drohte, das Meer zu verdampfen. So schleuderte er einen seiner Donnerkeile auf den unglücklichen Phaeton, der zerschmettert in den Fluß Eridanus stürzte.

Der sterbliche Bruder des Phaeton mit dem Namen »Cygnus« wollte nun die sterblichen Überreste seines Bruders retten, was ihm nach mehreren Tauchversuchen gelang. Am Ende seiner Bemühungen sah er aus wie ein völlig durchnäßter Schwan. Dies dauerte die Götter so sehr, daß sie diesen Schwan an den Himmel versetzten. Dabei berichtet uns die Sage nichts darüber, ob der sterbliche Bruder des Phaeton seinen Namen erst nach seiner Verstirnung erhalten hat; Cygnus heißt nämlich Schwan.

Auch der Fluß Eridanus ist ein großes Sternbild am Himmel, an dessen Ende am Südhimmel der Stern erster Größe mit dem Namen »Achernar« steht. Das ist ein arabischer Name mit der Bedeutung: Ende des Flusses. Der Fluß Eridanus wird in der Sage auch oft mit dem Po identifiziert. Da die Alten weniger reisten als wir, war eben ihr jeweiliger Fluß »der« Fluß. Dort hätten dann die sterblichen Schwestern des Phaeton über das Schicksal ihres Bruders bittere Tränen vergossen, die dann später als Bernsteine aufgefunden worden sind.

Der Adler hat seinen Platz auf der Rücklehne des Thrones von Zeus.

Das zweite große Sternbild am Sommerhimmel ist der Adler. Diesem stärksten Vogel wurde zugetraut, daß er mit eigener Kraft bis in den Himmel fliegen konnte. Der Göttervater Zeus hat diese Leistung anerkannt und ihm einen Platz auf der Rückenlehne seines Thrones angewiesen. Zugleich hat er dem Adler die Aufbewahrung seiner Donnerkeile übertragen. Seit jener Zeit ist der Adler eine heraldische Figur der Könige und der Kaiser, wobei er vielfach mit Pfeilen in seinen Klauen abgebildet ist.

Obwohl unser Göttervater keineswegs ein Verächter von Frauenschönheit war, so hatte er auch nach der griechischen Tradition eine kleine Schwäche für junge Knaben. So erspähte Zeus eines Tages den schönsten Jüngling des Altertums, Ganymed. Da er diese Sache etwas unter den Teppich kehren wollte, schickte er seinen Adler zur Erde hinunter, um den Ganymed zu rauben. Da das Sternbild des Wassermannes in der Nähe des Sternbildes des Adlers steht, wird Ganymed vielfach damit identifiziert. Nun, der Adler ergriff den Ganymed mit zarten Krallen, entführte ihn in

Der Gott Merkur entdeckt den Rückenschild einer griechischen Landschildkröte und erfindet die Leier.

den Himmel, wo er seitdem als Mundschenk den Göttern diente. Dort schenkte er allerdings nicht nur Wasser, sondern auch Nektar aus.

Der Adler wurde von Zeus belohnt, daß er mit so großem Geschick den Olymp mit einem sehr sympathischen Barkeeper versehen hatte: Er wurde dafür am Himmel verstirnt.

Nun zum letzten Sternbild des Sommerdreiecks: Leier mit der Wega. Dieses klassische Musikinstrument gehört aber auch in den Himmel, denn mit dem großen Mathematiker Pythagoras waren die Griechen ja die Erfinder der Harmonie. Pythagoras entdeckte den Dur- und den Moll-Dreiklang sowie den Septimenakkord, auf denen unsere abendländische Musik fußt. Als Abendländer haben wir immer noch wenig Verständnis für ostorientalische Musik, die unserem Ohr fremd ist und bleibt.

Es wäre wirklich ein Wunder, wenn die griechische Göttersage an der Erfindung der Musik vorbeigegangen wäre. Die Geschichte beginnt damit, daß der Gott Merkur bei einem seiner Flüge entlang der Küste den hohlen Schild einer toten Schildkröte entdeckte. Er spielte damit, bohrte ein paar Löcher hinein und spannte Saiten hindurch. Damit erfand er die Urform des Saiteninstrumentes. Nun war Merkur ja kein Künstler, sondern nur ein Agent. Er übergab dieses Instrument dem Göttervater Zeus, der damit herumklimperte. Dieser kam dann auf die Idee, dieses Instrument seinem unehelichen Sohn Orpheus zu übergeben, der dann der künstlerische Kreator der griechischen Musik wurde.

Die Erfindung der Leier und der Ursprung der abendländischen Musik durch die pythagoräische Entdeckung der Gesetze der Harmonie.

Später erbte dann der griechische Halbgott Arion diese Leier, der alle Welt mit seinen herrlichen Melodien entzückte. Nach einer Gastvorstellung auf Sizilien fuhr Arion mit einem Frachtschiff in seine Heimatstadt Corinth zurück – reich beschenkt von seinen dankbaren Zuhörern in Sizilien. Die groben Seeleute wollten sich diese Geschenke unter den Nagel reißen und beschlossen, Arion über Bord zu werfen. Dieser jedoch bat darum, daß er vor seinem Tode noch ein Lied spielen dürfe. Diese süße Melodie hat die Meerestiere so verzückt, daß ein Delphin ihn rittlings auf den Rücken nahm und sicher an Land brachte. Das wiederum hat den Göttern so gut gefallen, daß sie die Leier als Sternbild an den Himmel versetzten. Auch der rettende Delphin kam dort zu einem Platz: Er ziert als zartes Sternbild den Sommerhimmel.

Seitlich vom Sommerdreieck steht das Bildnis des Bärentreibers. Sein Hauptstern ist der gelbliche Stern Arktur. Dieser Stern steht in der eleganten Verlängerung des Bogens der Deichselsterne des Großen Wagens. Er ist also mit dem Großen Bären verbunden. In den Augen der alten Völker war Bootes der klassische Hirte, der mit seiner Macht über den Bären dieses Raubtier von seiner Herde fernhielt. Für die nordischen Völker ist der rötliche Arktur der Frühlingsbote, da er in den frühen Abendstunden

Die Weltumsegler stoßen in die Südsee vor und entdecken neue Sternbilder, darunter das Kreuz des Südens.

des Spätwinters auftaucht und den nächsten Frühling ankündigt.

Nun kommen wir zu zwei großen Sternbildern des Südhimmels, die allerdings wegen der Taumelbewegung der Erdachse vor 2000 bis 4000 Jahren den Griechen von Ägypten aus noch vertraut waren. Diese beiden Riesensternbilder sind das Schiff Argo und der Zentaur.

Das Schiff Argo ist das große Segelschiff, mit dem Jason die Reise zur Wiedereroberung des Goldenen Vlieses unternommen hatte. Der hellste Stern in diesem Sternbild ist Canopus, der zweithellste Stern des Himmels überhaupt. Wenn man den Äquator nach Süden überquert, so kommt dieses riesige Sternbild in den Blick. Man sieht wirklich am Himmel ein gewaltiges Segelschiff mit einer deutlichen Trennlinie an der Wasseroberfläche. Darunter ist dasselbe noch einmal, etwas schwächer, als Spiegelbild. Selbst den alten Griechen war dieses Sternbild zu groß, so daß sie es dreifach unterteilten in: »Carina«, den Kiel, »Puppis«, das Heck, und »Vela«, die Segel. Der Stern Canopus war für die

Alten der Steuermann dieses Schiffes. Es ist sehr schön, daß just dieser Stern Canopus von der amerikanischen Weltraumbehörde NASA bei den Mondflügen als Leitstern gewählt worden war, um unsere Astronauten sicher zum Monde zu führen. Bei der Weltraumnavigation war der Stern Canopus der Nullpunkt. Damit wurde dem alten Seefahrer Jason im Nachhinein eine große Ehre erwiesen.

Das Sternbild des Zentaur ist auch ziemlich ausgedehnt. Die beiden Vorderhufe dieses Fabelwesens sind durch zwei Sterne erster Größe gekennzeichnet. Der hellere von ihnen heißt Toliman; er ist der dritthellste Stern des Himmels überhaupt und gleichzeitig der berühmte Stern »Alpha Centauri« – jener Stern, der unserer Sonne im Weltall am nächsten steht.

Alpha Centauri, der dritthellste Stern am Himmel, steht der Erde am nächsten – er ist der Liebling unter Science-fiction-Autoren.

Nun kommen wir zu dem viel besungenen »Kreuz des Südens«. Bei der Benennung der Sternbilder des Südhimmels müssen wir bedenken, daß diese ja erst mit der Entdeckungsgeschichte der Erde in das Bewußtsein von uns Europäern gelangt sind. Nun waren ja die Kapitäne, welche

Die Benennung »Kreuz des Südens« ist jüngeren Datums; sie stammt von der christlichen Seefahrt, als die Entdecker der Südsee dieses Sternbild jahrelang vor Augen hatten.

den Kontinent Afrika als erste umsegelten und Amerika entdeckten, christliche Seefahrer. Als sie als erste Europäer die für sie völlig neuen Sternbilder des Südhimmels sahen, nahmen sie für sich das Recht in Anspruch, diesen Sternbildern auch Namen zu geben. An erster Stelle stand für sie das berühmte »Kreuz des Südens«, das sie aus ihrem christlichen Glauben so benannten.

Das »Kreuz des Südens« ist vielleicht dasjenige Sternbild, das am meisten überbewertet wird. Mit diesem Namen verbinden die meisten von uns jene zeitlose Romantik weltweiter Reisen und des Zaubers der Südsee. Gewiß, das »Kreuz des Südens« ist ein ganz schönes Sternbild in der Form eines Drachens. Wer es jedoch zum erstenmal sieht, ist etwas enttäuscht. Es ist ein bißchen schief, und ein unangebrachter fünfter Stern zerstört noch seine Harmonie. Trotzdem genießt es als das Symbol unserer christlichen Seefahrer seinen Ruf. Jeder, der einmal den Äquator überschritten hat, sollte es wenigstens gesehen haben.

Wie schon gesagt, hat das »Kreuz des Südens« im wesentlichen die Form eines Drachens, dessen Längsachse auf den Südpol des Sternenhimmels weist. Dort steht ja im Gegensatz zum Nordhimmel kein auffallender Stern, der den Südpol des Sternenhimmels kennzeichnen würde. So gibt die Längsachse des »Kreuz des Südens« den Seefahrern wenigstens einen Hinweis, wo Süden ist. Vielleicht begründet sich darauf sein besonderer Ruf.

Sodann haben die Seefahrer während der Entde-ckungsgeschichte der Erde eine Reihe von Sternbildern des südlichen Himmels nach ihrem Instrumentarium benannt. Sie waren ja so sehr davon abhängig, daß sie mit den primitiven Navigationsinstrumenten ihrer Zeit den W1eg durch die Seewüsten der Südhalbkugel fanden. Deshalb haben sie die wichtigsten Werkzeuge ihres Handwerkes – das Teleskop, die Schiffsuhr und den Oktanten – ebenfalls im südlichen Sternenhimmel verewigt.

Über die auffällige Erscheinung der Milchstraße gibt es zahllose Geschichten. Erst seit der Erfindung des modernen Fernrohres weiß man, woraus dieses zartleuchtende Band überhaupt besteht. Unsere Milchstraße ist ein gewaltiges

*Die Göttermutter
Hera verliert auf der
Suche nach ihrem
ungetreuen Gemahl
ihre Muttermilch.*

*Unsere Sonne steht
ziemlich weit weg
vom Zentrum der
Milchstraße (+); ihre
flache, linsenförmige
Gestalt läßt sie uns
dann als ein schmales
Band von zarten
Sternenwolken
erscheinen.*

System von etwa 200 Milliarden Sonnen, die in einer riesigen, flachen Scheibe angeordnet sind. Das ganze Gebilde sieht aus wie eine flache Linse – zehnmal so groß im Durchmesser wie ihre Dicke in der Mitte. Diese Unsumme von Sternen können wir mit dem bloßen Auge natürlich nicht auflösen, so daß uns die Milchstraße am nächtlichen Himmel wie ein Band von leuchtendem Sternenstaub erscheint. Unsere Sonne mit ihrem Planetensystem steht ziemlich weit am Rande dieser Drehscheibe, etwa vier Fünftel des Weges von der Mitte bis zum Rand. Die ganze Milchstraße dreht sich wirbelig um ihre Achse.

Unsere Sonne befindet sich in einer Gegend, in der die Umlaufzeit um das Zentrum der Milchstraße etwa 200 Millionen Jahre beträgt. Seit ihrer Geburt vor etwa sieben bis acht Milliarden Jahren hat die Sonne daher das Zentrum der Milchstraße schon etwa vierzigmal umrundet.

Die Einzelsterne der Milchstraße sind viel zu schwach, als daß man sie getrennt sehen könnte; nur in ihrer Milliardenzahl werden sie als zarter Lichtstaub sichtbar.

Da unsere Sonne in der Milchstraße ziemlich exzentrisch steht, erscheint uns die Milchstraße, wenn wir in das Zentrum schauen, deutlich heller als in der Gegenrichtung. Die Überfüllung der Sterne im Zentrum der Milchstraße ist zwar durch weit ausgebreitete dunkle Wolken aus Gas und Staub im Weltall weitestgehend verdeckt. Schauen wir beispielsweise in die Richtung auf die Sternbilder Cassiopeia, Fuhrmann und Zwillinge, dann blicken wir zum Rand der Milchstraße. Dort ist sie am schwächsten. Genau gegenüber in den Sternbildern des Skorpions und des Schützen liegt das Zentrum der Milchstraße. Diese Bereiche sind dann besonders schön am südlichen Sternenhimmel zu sehen. Diese dicken Haufen von Sternenstaub bilden einen der besonderen Reize des südlichen Sternenhimmels.

Da wir mit unserer Sonne in der Ebene der Milchstraße sitzen, bildet die Milchstraße am irdischen Himmel einen großen Ring, der das ganze Firmament geschlossen umspannt. So haben die Menschen darin immer schon einen Fluß oder auch eine Straße gesehen, die den Göttern als Verkehrsweg diente. Alle großen Flüsse in der Kulturgeschichte der Menschheit wurden mit der Milchstraße identifiziert: der Gelbe Fluß der Chinesen, der Ganges der Inder, der Nil der Ägypter und der Po der Römer. Auch das uralte

Symbol einer Schlange, die – sich selbst in den Schwanz beißend – einen geschlossenen Ring bildet, wurde vielfach mit der Milchstraße verknüpft.

Die Indianer Nordamerikas sahen in der Milchstraße die Nahtstelle, mit der die Götter einst die beiden Halbkugeln des Himmels verschweißten. Diese Naht sei den Göttern nicht so ganz geglückt, so daß das Urlicht des Universums noch hindurchschimmert. Die Eskimos Nordamerikas erblickten in der Milchstraße einen Streifen glimmender Aschenreste, welche die Götter nach der Löschung des Sonnenfeuers jeden Abend ausstreuten.

Nun aber, wo kommt die »Milch« der Milchstraße her? Auch hierüber weiß die griechische Göttersage zu berichten. Als die Göttermutter Hera ihren Sohn Apollo als Säugling stillte, erfuhr sie wieder einmal von einem Liebesabenteuer ihres Gemahles Zeus. Voller Ärger riß sie den kleinen Apollo von ihrer Brust, warf ihn in die Wiege und begab sich auf die Suche nach ihrem ungetreuen Gemahl. Dabei versprühte sie längs ihres zornigen Laufes ihre Muttermilch über das ganze Firmament. In dieser Deutung steckt auch ein uraltes Fruchtbarkeitssymbol, das viele alte Völker in der Milchstraße erblicken.

Das Wort »Milch« in der Bezeichnung der Milchstraße stammt von der Muttermilch; die Griechen wollten damit diesen nährenden Urquell am Himmel verewigen.

Das griechische Wort für Milch lautet »gala«. Dieses Wort hat in die moderne Sprache der Astronomie Eingang gefunden. So nennen wir die fernen Spiralnebel, die riesige Weltensysteme sind, unserer eigenen Milchstraße in Größe und im Range gleich, »Galaxien«. Auch benutzen wir das Eigenschaftswort »galaktisch«. Wenn wir also heute in der modernen Kosmologie von dem galaktischen System sprechen, dann denken wir kaum noch an die Muttermilch der Göttin Hera.

Die befreite Prinzessin

Eine der schönsten Sagen des klassischen Altertums ist die Geschichte der äthiopischen Prinzessin Andromeda. Diese Sage ist aus mehreren Gründen besonders reizvoll. Sie enthält eine ganze Reihe von Motiven, die in der Kunst des Geschichtenerzählens schon immer eine große Rolle gespielt haben. So haben wir zunächst einmal eine sehr eitle Königin mit ihrem etwas naiven und ahnungslosen Gemahl. Natürlich haben die beiden eine wunderschöne Tochter. Ein böses Schicksal nun befällt diese glückliche Familie, wobei das Unheil durch die unbändige Eitelkeit der Mutter heraufbeschworen wurde. Der etwas einfältige König hat das alles nicht so richtig mitbekommen.

Wie die Geschichte nun berichtet, hat die Königinmutter mit ihrer Eitelkeit den Zorn der Götter heraufbeschworen, wobei just die schöne Prinzessin Andromeda als Sühneopfer auserkoren wurde. Sie wurde – glücklicherweise – von einem strahlenden Schwiegersohn rechtzeitig gerettet. Es ist dies der griechische Held Perseus, für den die jungfräuliche Göttin Athene eine Schwäche hatte. In diese Geschichte verwoben ist auch das Schicksal der Gorgonentochter Medusa, deren bildschönes Blondhaar – ebenfalls durch einen Racheakt der Götter – in ein Haupt von zischenden Schlangen verwandelt worden ist. Weitere Figuren dieser berühmten griechischen Sage sind das furchtbare Meeresungeheuer Cetus sowie das berühmte Flügelpferd Pegasus. Dieses fliegende Pferd ist ja den neun Musen geweiht, und es ist seit jener Zeit das Symbol aller schönen Künste.

Diese Figuren finden wir alle an unserem Sternenhimmel. Sie erscheinen besonders schön in ihrer Ganzheit am Abendhimmel unserer Herbstmonate September bis November. Es sind zum Teil sehr großflächige Sternbilder, die einen großen Teil des Himmelszeltes überspannen. Der König Cepheus steht sehr dicht am Nordpol des Himmels; daran anschließend finden wir das Sternbild seiner Gemahlin Cassiopeia, welche mit fünf hellen Sternen die deutliche Figur des Buchstabens »W« wiedergeben. Darunter sehen wir dann den Schwiegersohn Perseus und die Prinzessin Andromeda. Das Flügelpferd Pegasus und das Meeresungeheuer Cetus überschreiten sogar den Himmelsäquator.

Die äthiopische Königin Cassiopeia brüstet sich vor den Nereiden, den Töchtern des Poseidon, mit ihrer Schönheit. Die Mädchen beklagen sich darüber bei ihrem Vater.

Die Illustration einer einzigen Geschichte erforderte eine riesige Fläche am Himmel, die vom Pol bis zum Äquator reicht und sechs große Sternbilder einschließt.

Diese Figuren finden wir alle am Himmel als Sternbilder, die recht groß sind und fast ein Sechstel der Himmelskugel überdecken; sie reichen vom Pol bis zum Äquator. Auch für den modernen Astronomen ist die Geschichte von der befreiten Prinzessin besonders reizvoll. In zwei dieser Sternbilder nämlich befindet sich je ein auffallender, merkwürdiger Stern. Beide Sterne waren den Alten unheimlich, da sie nämlich nicht immer gleich leuchten, sondern ihr Licht ändern. Praktisch alle Fixsterne strahlen jahraus, jahrein immer mit genau der gleichen Lichtstärke. Diese beiden Sterne jedoch – Algol im Perseus und Mira im Walfisch – flackern. Dies war für die Alten ein böses Zeichen, das ihre Phantasie beschäftigte.

Unsere Geschichte erzählt, daß Cassiopeia, die äthiopische Königin und Mutter der Andromeda, eine sehr schöne, aber auch überaus eitle Frau war. So ließ sie keine Gelegenheit aus, ihre Schönheit mit dem Aussehen der Göttinnen und Halbgöttinnen zu vergleichen. Darin bestand ihr klassischer Frevel. Eines Tages, als sie sich, nach einem Bad im Meer, kämmte und dabei besonders brüstete, wurde sie von den Nereiden belauscht. Es sind dies die schönen Töchter des Meeresgottes Poseidon. Die Nereiden beklagten sich prompt bei ihrem Vater und baten ihn, diese Beleidigung nicht auf der Familie sitzen zu lassen. In seinem verletzten väterlichen Stolz stieß Poseidon seinen Dreizack voller Wucht in die Wellen und schuf damit in seiner göttlichen Allmacht ein gewaltiges Meeresungeheuer: Cetus, den Walfisch. Es war eine Mischung aus einem Tier des Meeres und einem Drachen, bewaffnet mit einem schrecklichen Gebiß und schier unbesiegbar in seiner Gewalt und seinem Blutdurst. Von seinem Schöpfer Poseidon nun wurde dieses Untier angewiesen, das Land Äthiopien zu verwüsten, das von Cassiopeia und ihrem Gemahl Cepheus beherrscht wurde. Unsere Geschichte erzählt nicht, wieso dieses Untier imstande gewesen sein soll, als Geschöpf des Meeres auch das flache Land zu verwüsten und die Bevölkerung des Hochlandes von Äthiopien zu behelligen. Wie dem auch sei – die Bevölkerung von Äthiopien bekam diese schreckliche Bedrohung satt. Eine Delegation machte

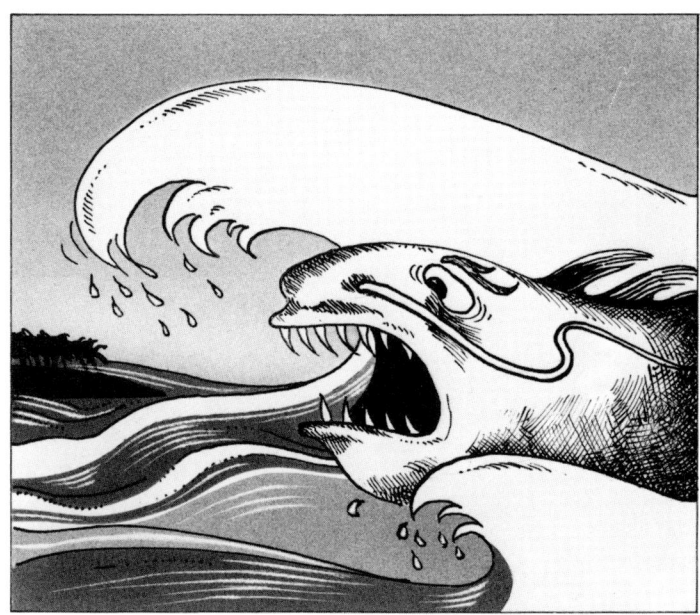

Im Zorn schuf Poseidon das Meeresungeheuer Cetus mit dem Auftrag, Äthiopien durch Sturmfluten zu verwüsten.

dem König klar, daß etwas geschehen müsse, um der völligen Verwüstung des Landes Einhalt zu gebieten. König Cepheus war darüber erstaunt; wie es auch heute noch vielfach ist, er war als Ehegatte völlig ahnungslos und wußte überhaupt nicht, daß er das Unheil, das sein Land bedrohte, seiner Gattin verdankte. Wie es damals üblich war, blieb ihm nur ein Weg offen, nämlich ein Orakel zu befragen.

Dort wurde ihm bedeutet, mit welchem unbändigen Stolz seine schöne Frau Cassiopeia die Töchter des Poseidon beleidigt hatte. Nur einen Weg gäbe es, den Zorn der schönen Nereiden und ihres grimmigen Vaters zu besänftigen: die Prinzessin Andromeda, sein eigenes Kind, müsse dem Untier zum Fraße vorgeworfen werden. Unter dem Wehklagen des ganzen Hofes wurde die zarte Andromeda an den Meeresstrand geführt und dort mit Ketten an einen Felsen geschmiedet, um ihr schreckliches Schicksal zu erwarten. In zahllosen Geschichten sahen sich schon viele Prinzessinnen und andere holde Mädchen einem solch grausamen Schicksal ausgesetzt. Doch jede von ihnen wurde

*Die arme Andro-
meda wird zur Sühne
des Frevels ihrer
Mutter an einen
Felsen geschmiedet
und dem
Meeresungeheuer
Cetus zum Fraße
vorgeworfen.*

noch rechtzeitig gerettet. So brauchen wir uns an dieser Stelle um die schöne Andromeda auch weiter keine großen Sorgen zu machen, während wir uns mit der Geschichte ihres Retters Perseus beschäftigen.

Perseus, ein strahlender Held der griechischen Sage, stand unter dem besonderen Schutz der Göttin Athene. Im Verlauf dieser Geschichte vermischt sich – wie so oft in der klassischen Sage – Menschliches und Göttliches. Die Rettung der Andromeda kam nämlich nur dadurch zustande, daß Perseus der listenreichen Göttin bei der Erledigung einer Privatangelegenheit behilflich war. Die Göttin der Weisheit war nämlich auch menschlich genug, um sich in

ihrer Eitelkeit tödlich beleidigen zu lassen. Ihr war dasselbe passiert wie den Nereiden. Eine der Töchter des Gorgon besaß herrliches blondes Haupthaar. Das war die schöne Medusa. In ihrem Stolz auf ihr Haar fiel ihr nichts Besseres ein, als zu behaupten, ihr Haar sei sehr viel schöner als das der Göttin Athene. Das konnte die jungfräuliche Göttin freilich nicht auf sich sitzen lassen. Mit einer herrischen Geste verwandelte sie das Haar der Medusa in ein Nest von zischenden Schlangen und gab ihrem Antlitz zugleich einen so scheußlichen, häßlichen Ausdruck, daß jeder Sterbliche, der sie erblickte, flugs in Stein verwandelt wurde. Die arme Medusa verbarg sich in einer Höhle, deren Eingang umringt

Wenn man die Eitelkeit der Götter verletzt, nehmen sie furchtbare Rache.

Eine rachsüchtige Göttin hält es nicht für unter ihrer Würde, einen Mord listig in Auftrag zu geben.

war von den herrlichsten steinernen Statuen von allerlei Menschen und Tieren, die zufällig dort vorbeikamen und die der Anblick des schrecklichen Medusenhauptes in Marmor verwandelt hatte.

Aber der Rachedurst der Athene war noch nicht befriedigt. Medusa mußte sterben. So beauftragte sie den Helden Perseus, Medusa zu enthaupten. Gleichzeitig riet sie ihm zu einem Trick, um der Versteinerung zu entgehen. Sie gab Perseus einen spiegelnden Schild und wies ihn an, Medusa nur über das Spiegelbild hinweg zu bekämpfen und zu enthaupten. Perseus gelang es, die Steinwerdung zu umgehen und das Medusenhaupt abzuschlagen. Er heftete es sich an seinen Gürtel und hatte damit eine unschlagbare Waffe. Auch der Gott Merkur war dem Helden hold. Er lieh ihm seine geflügelten Sandalen, so daß Perseus nicht nur die gewaltigste Waffe seiner Zeit besaß, sondern sogar auch noch fliegen konnte.

Bei einem seiner Flüge erblickte er auch die arme Andromeda an ihrem Felsen. Er verliebte sich sofort in sie und versprach ihr, sie zu retten. Just in diesem Moment erschien auch Cetus, das Meeresungeheuer. In fairer Weise bekämpfte Perseus das Untier zunächst mit seinem Schwert. Erst als seine Geliebte ernsthaft in Gefahr geriet, griff er zur letzten Waffe. Abgewendeten Blickes wies er das Medusenhaupt dem Meeresungeheuer, das flugs zu Stein erstarrte und in den Tiefen des Meeres versank.

Das Ende der Geschichte liegt ja nun auf der Hand. Perseus sprengte die grausamen Ketten und führte die befreite Prinzessin ihren überglücklichen Eltern zu. Sie heirateten – und wenn sie nicht gestorben sind, so leben sie noch heute. Die Göttin Athene glaubte nun, daß Perseus die Superwaffe des Altertums, das Medusenhaupt, nicht mehr benötigte, und nahm es selbst für sich in Anspruch. Seit dieser Zeit wird sie immer mit dem Medusenhaupt auf ihrem Schild dargestellt. Die Götter, die vom Olymp aus dieses irdische Drama mit Spannung verfolgt hatten, versetzten daraufhin alle Gestalten dieser Geschichte als Sternbilder an den Himmel. Damit wollten sie den Menschen für immer vor Augen führen, wohin menschliche Vermessenheit führt.

Die rachsüchtige Göttin Athene verwandelt das Haupthaar der schönen Medusa in ein Nest von Schlangen.

Athene beauftragt Perseus, Medusa das Haupt abzuschlagen; da der Anblick des scheußlichen Medusenhauptes zur Versteinerung führt, muß Perseus die Medusa über das Spiegelbild seines Schildes bekämpfen.

Perseus bekämpft zur Rettung der Andromeda das Meeresungeheuer Cetus, indem er ihm das Medusenhaupt weist und es in Stein verwandelt.

In einer Entfernung von 2,2 Millionen Lichtjahren schwebt unsere nächste Nachbargalaxie im All – der Andromedanebel, eine Milchstraße, die unsere eigene an Größe übertrifft.

Zu der Geschichte der befreiten Prinzesssin gehört auch noch das Flügelpferd Pegasus. Als nämlich Perseus das scheußliche Haupt der Medusa abgeschlagen hatte und mit ihm am Gürtel das Meer überflog, fielen einige Tropfen Blut ins Wasser. Poseidon, der Gott des Meeres, war seinerseits auch kein Verächter von Frauenschönheit. Medusa hatte nämlich mit ihrem Anspruch, schöner als die kalte Göttin Athene zu sein, gar nicht so unrecht. Poseidon hatte sie vor ihrer Verwandlung sehr geliebt, und so wollte er ihr ein Denkmal setzen. Aus den Blutstropfen ihres unglücklichen Hauptes schuf er das Flügelpferd Pegasus, das dem Schaum der Wellen entstieg und dann den Musen, den Göttinnen der Kunst und der Wissenschaft, geweiht wurde.

Wie in jeder Geschichte muß auch hier der Anfang mit dem Ende verbunden sein. Es sieht so aus, als ob die eigentliche Übeltäterin, die eitle Königin Cassiopeia, ohne Strafe ausgegangen sei. Jedoch, die Götter sorgten für eine gerechte Bestrafung für ihren unbändigen Stolz. Sie wurde zwar von den Göttern als Königin in den Himmel versetzt, sogar auf ihrem Thron sitzend. Es ist dies das schöne Sternbild der Cassiopeia, das in der Form des Buchstaben »W« in der Nähe des Polarsterns den Himmelspol umkreist. Und darin zeigt sich auch die scharfe Beobachtung der Alten: Das Sternbild der Cassiopeia ist zirkumpolar, das heißt es geht weder auf noch unter. Und das ist die Strafe für die stolze und eitle Königin: Jede Nacht muß sie den Polarstern umkreisen und hängt dabei viele Stunden lang mit ihrem Kopf nach unten in einer sehr unwürdigen und unköniglichen Stellung.

Jedes Jahr im Herbst können wir heute noch nach Tausenden von Jahren das schöne Sternbild der Cassiopeia fast im Zenit beobachten. Der Thron, auf dem sie sitzt, hat die Form eines Buchstabens, weshalb dieses Sternbild auch als das »Himmels-W« bezeichnet wird. Wenn man in diesen Thron eine Königin hineinsetzt, so sitzt sie in der Tat kopfüber.

Auch mit der Auswahl der beiden Sterne, die das schreckliche Medusenhaupt im Sternbild des Perseus und das scheußliche Auge des Meeresungeheuers Cetus bilden,

Veränderliche Sterne sind unheimlich; sie wurden prompt als Illustrationen in die alten Schauermärchen eingebaut: Mira, das drohende Auge des Walfisches, und Algol, das Medusenhaupt im Sternbild des Perseus.

haben die alten Völker ihre Beobachtungsfähigkeit bewiesen. Diese Sterne sind nämlich die beiden hellsten veränderlichen Sterne am Himmel. Mit ihrem unheimlichen Lichtwechsel erschienen sie den Alten als bösartig. Auch die Namen dieser beiden Sterne zeigen das: Der Stern, der das Medusenhaupt darstellt, heißt »Algol«, das ist abgeleitet von dem arabischen »El Ghul«, der Dämon; das Auge des Walfisches heißt »Mira«, die Wunderbare, die Erstaunliche.

Heute brauchen wir uns vor dem Lichtwechsel dieser beiden Sterne nicht mehr zu fürchten, da wir die Gründe dafür kennen. Der Stern Algol ist ein veränderlicher Stern, dessen Lichtwechsel wir heute sehr gut verstehen. Dieser Stern erscheint uns normalerweise als ein Stern zweiter Größe und entspricht damit in seiner Helligkeit etwa den sieben Sternen des Großen Wagens. Alle 68 Stunden jedoch sackt er für mehrere Stunden in seiner Helligkeit ab, und ist dann nur noch ein Stern dritter Größe. Jedem Kenner des Sternenhimmels fällt so etwas sofort ins Auge. So dürfen wir uns auch überhaupt nicht darüber wundern, daß die alten Hirten, die ja jede Nacht unter dem Sternenhimmel verbrachten, das etwa nicht auch bemerkt hätten. Der Grund für diesen mysteriösen Lichtwechsel ist eigentlich ein sehr einfacher. Algol ist nämlich ein Doppelstern, wobei zwei Sonnen im Rhythmus von etwa 68 Stunden umeinander kreisen. Die Ebene ihrer Bahn ist dabei im Raume so gelagert, daß sie sich von der Erde aus gesehen in diesem Rhythmus gegeneinander verfinstern. Alle 68 Stunden verdeckt der größere und lichtschwächere Partner den kleineren und lichtstärkeren Partner, so daß das gemeinsame Licht sich auf etwa ein Drittel vermindert. Wenn der lichtstärkere Partner den lichtschwächeren Partner verdeckt, dann haben wir auch eine kleine Verminderung in der Lichtstärke. Diese Details konnten die alten Völker allerdings nicht beobachten.

Der Stern Mira ist ein roter Riesenstern; ja, er ist sogar vielleicht der größte Stern, den wir überhaupt kennen. Aus diesem Grunde können wir auch verstehen, daß er innerhalb eines halben Jahres – völlig unregelmäßig – seine Helligkeit auf das Hundertfache verringert und für das bloße Auge unsichtbar wird. Seine Größe macht ihn unstabil; seine heißen Gase schwappen sozusagen über, und dadurch kommt ein unregelmäßiger Lichtwechsel zustande.

Das Sternbild der Andromeda hat für die moderne Astronomie noch eine besondere Bedeutung. In diesem Sternbild nämlich steht eine große Weltinsel, die unsere eigene Milchstraße an Größe sogar noch übertrifft. In einer klaren Nacht kann man den Andromedanebel als ein schwach leuchtendes Fleckchen erkennen. Am Andromedanebel wurde zum erstenmal nachgewiesen, daß unsere Milchstraße nicht die einzige ist, sondern daß es Milliarden von ihnen im All gibt.

Der Andromedanebel ist über zwei Millionen Lichtjahre entfernt, das bedeutet, daß das schwache Leuchten, das unser Auge trifft, über zwei Millionen Jahre auf der Reise war. Wenn man den Andromedanebel sieht, dann sollte man nicht nur an die unermeßliche Größe des Universums denken, sondern gelegentlich auch einmal an jene Prinzessin aus dem alten Äthiopien, die – einst in Ketten geschmiedet – dennoch befreit wurde.

Andromeda hat zweimal Geschichte gemacht; als äthiopische Königstochter und als Sternbild, in dem die erste fremde Milchstraße nachgewiesen wurde.

Nachwort

Bestimmt hat jeder Sternfreund schon festgestellt, daß es gar nicht so leicht ist, sich am Sternenhimmel zurechtzufinden. Wenn der Himmel dann auch noch teilweise bewölkt ist, wird es noch schwieriger. Auf der anderen Seite ist bestimmt bei manchem Leser dieses Buches der Wunsch aufgekommen, die einzelnen Sternbilder, von denen in diesen Geschichten die Rede war, am Himmel selbst zu finden. Wir hatten ja gesehen, daß der Sternenhimmel ein glitzerndes Bilderbuch ist, mit dem die phantasievollen Geschichtenerzähler des Altertums ihre Sagen illustrierten. Besonders schön dabei ist, daß eine ganze Reihe von Sternbildern, die zu einer Sage gehören, am Himmel benachbart sind. Da ist der Orion mit seinen beiden Hunden und dem Stier. Dort sehen wir den großen Jäger im Kampf mit dem Ungetüm. Auch die Hauptfiguren der Andromeda-Sage sind als geschlossene Gruppe am Himmel zu finden auf einer Fläche, die vom Himmelspol bis zum Äquator reicht. Dort sind die Eltern der Andromeda, der König Cepheus, seine eitle Gemahlin Cassiopeia und der rettende Held Perseus; in Richtung auf den Äquator finden wir dann das Meeresungeheuer Cetus und das Flügelpferd Pegasus.

In den meisten Fällen jedoch gehört eine gewisse Phantasie dazu, in die Gruppe von leuchtenden Punkten am Himmel, welche das Sternbild darstellen soll, eine menschliche oder tierische Figur hineinzudichten. Aus diesem Grunde muß man – wenn man den Sternenhimmel kennenlernen will – wenigstens die hellsten 100 Sterne mit ihrer Anordnung und Helligkeit kennenlernen und sie sich merken. Es ist schon eine kleine Geduldsprobe, wenn man sich als Anfänger Kenntnis des Sternenhimmels erwerben will. Dabei muß man sich einer Sternkarte bedienen. Solche Sternkarten werden in Zeitungen und Zeitschriften meist monatlich abgedruckt. Nur wird der angehende Sternfreund feststellen müssen, daß er damit nicht zurechtkommt, wenn er sich den Sternenhimmel anschaut und mit der Taschenlampe ratlos auf der Sternkarte herumsucht, um etwa zwei hellere Sterne, die so schön klar im Westen leuchten, auf der Karte wiederzufinden. Dort sind zwar die Namen von

Ausschnitt aus einer photographischen Sternkarte mit dem Sternbild des Orion (links) und weiter rechts oben dem Sternbild des Stieres. Das Bild stammt aus dem Begleitband mit dem Titel »Professor Habers Sternatlas«.

Sternen und Sternbildern nachzulesen, wobei die hellsten Sterne innerhalb eines Sternbildes noch mit weißen Linien verbunden sind. Diese Aufdrucke zerreißen allerdings völlig den Eindruck, da diese Sternnamen und Verbindungslinien am Himmel ja nicht zu sehen sind. Das ist der Grund, weshalb solche Sternkarten nur von einem erfahrenen Sternfreund gelesen werden können – und der braucht sie ja nicht, da er den Sternenhimmel ja schon kennt.

Aus diesem Grunde haben wir uns beim Kösel-Verlag überlegt, ob man nicht »photographische« Sternkarten herstellen könne. In der Natur ist das nur schwer durchführbar, weil man zur Herstellung solcher Karten ein ganzes Jahr um die ganze Erde reisen müßte. Nun bietet ja die Kuppel eines Zeiss-Planetariums einen verblüffend ähnlichen Anblick des Sternenhimmels. Diesen nun haben wir rundum photographiert und zu insgesamt acht Sternkarten zusammengestellt. Dabei sind Sternkarten entstanden, die den Anblick des Himmels genau wiedergeben. Damit man sich nun orientieren kann, ist jede Sternkarte noch einmal abgedruckt, wobei man die Sternnamen und Sternbilder identifizieren kann. Die Sternkarten selbst jedoch sind – um den optischen Eindruck nicht zu zerstören – ohne jede Eindrucke.

Ursprünglich war geplant, diese Sternkarten als Anhang dieses Buches zu bringen. Der Verleger hat sich jedoch entschlossen, vor allem aus Formatgründen, daraus einen eigenen Band zu machen mit dem Titel *Professor Habers Sternatlas*. Dieser Sternatlas erscheint zur gleichen Zeit zusammen mit dem vorliegenden Buch.